大阪商業大学比較地域研究所研究叢書　第十七巻

ベトナム中小企業の誕生
―― ハノイ周辺の機械金属中小工業 ――

●

前田啓一 著

御茶の水書房

はしがき

　本書はベトナムに進出している日系中小企業とローカルのベトナム中小企業を中心に取り上げている。なかでも、ベトナム北部におけるこれら企業の活動と日越企業間での取引関係の実態解明に論述の重きを置いている。ただ、南北に長いベトナムはハノイを中心とする北部とホーチミンなどの南部とでは地域の歴史・雰囲気や産業的特徴がかなり異なる。私はいろいろな事情から北部出身の方たちと出会うことが多く、現地では彼ら・彼女らの人脈に頼りながら調査を進めていったので、自然のいきおいとして本書での論述は北部地域の中小企業を主に分析対象と定めることとなった。

　ここ10年くらいでのベトナムの経済発展には目覚ましいものがあるし、ハノイやホーチミンではビルの建設ラッシュなど街の活気を目の当たりにする。中国に出かけるチャンスがこのところめっきり減ったので最近の様子はあまり知らないが、減速経済下にあるとはいえ、中国への直接投資の規模はなお大きいし、人々の創業意欲には依然旺盛なものがあると聞く。一方、ベトナムの経済発展は中国の改革・開放の時期よりずいぶん遅れてやってきたために、いきなり世界経済自由化の荒波に翻弄され続けている。遅れて登場してきたベトナムの創業者は最初から経済グローバル化の波に直面し、先進国資本企業と真正面から付き合うことが求められる。中国での創業者勃興の時期と異なるが、それでもベトナム人起業者の意欲には大きなものがある。

　1990年代に入って以降、世界の製造業投資の多くが中国に向かっていたのに、リーマンブラザーズ破綻の頃から世界経済における直接投資の流れが大きく変わってきた。インドシナ半島の新興諸国、例えばベトナムなどに、いっそうの関心が示されるようになった。中国についての評価が世界の工場から世界の市場へとシフトしていくのと同調しつつ、ベトナムなどASEAN後発諸国について生産現場としての期待が高まっている。このような動きは、

中国での人件費高騰や日中両政府間での政治的緊張の高まり、そして一部経営者の中国撤退志向さらにはメコン経済圏でのインフラ整備の進展などを反映している。ただ、中国離れとも見える日本企業の生産機能の立地調整は、今のところ、中国からの完全撤退ではなくて、中国からの例えば労働集約工程の一部分のベトナムへの移管などの再編成のかたちをとって進められている。つまり、中国に今後の市場獲得の余地を残したかたちで、そして生産機能の多くの部分を引き続き中国に残しておくことを基本としている。

このところ、我が国の中小企業でも ASEAN 諸国への新規進出の動きが数多く見られるようになった。ただ、我が国ではベトナムについての関心が急速に高まっているにもかかわらず、進出日系中小企業の企業活動に関しての分析がほとんど進められていない。ましてや、ローカルのベトナム中小企業についてはその存在すらほとんど知られていない。

ここではまず、本書の構成を簡単に述べておきたい。

第1章「グローバリゼーションに直面するベトナム経済の課題」では、経済グローバル化が急速に進む東南アジアにあって、ベトナムの特徴的な国際的立ち位置を確認する。ベトナムでは他の国々とは異なり、グローバリゼーションへの対応すべき時間がきわめて短いという制約があった。その短期間の内にあって、ベトナムは日本などからの直接投資導入を梃子とした工業化の途を歩んでいる。本章では、裾野産業育成が急務の課題であるベトナム製造業の現況とそれを取り巻く国際経済環境変化への対応について、2013年に実施した進出日系機械金属系中小企業に対するアンケート調査の結果を踏まえて検討を進める。

第2章「ベトナム北部での進出日系企業の存立形態とローカル中小企業の勃興」では、日本からの基盤的技術分野を担う製造業分野の中小企業投資の重要性をあらためて強調している。大企業と比べると規模や知名度では及ぶべくもないが、進出日系中小製造業によるベトナム中小企業との取引関係の強化を通じて、ベトナム企業のQCDが向上する。そして、ベトナム北部では緩やかながらも基盤的技術分野を担う地場のローカル中小企業が続々と誕

生している。

　第3章「北部日系工業団地における日系中小企業の事業展開―ハノイとハイフォンを中心に―」では、北部での日系工業団地整備状況を概観し、なかでもタンロン工業団地と野村ハイフォン工業団地での入居企業の事業展開について検討を進める。事例分析を通じて明らかになったのは次のことである。第一は、野村ハイフォン工業団地で見ると（2011年5月時点）、輸出加工組立型企業の多いのは事実である。単なる輸出加工組立拠点としてではなく、近い将来にベトナム国内の需要開拓に努めたいとする企業が見られた。ベトナム進出日系企業への販売が主たる狙いである。ただ、大部分の進出企業では日本への輸出を前提としていた。第二に、進出日系企業の現地調達や外注取引関係を見ると、手袋やマスク等工場内作業に使用するものや梱包用の箱に留まり、部品加工や部品・部材の調達は困難である。この点だけからすれば日本製造業によるベトナム進出のコスト・メリットは小さい。むしろ、労働力の質などに着目した進出メリットを強調すべきであろう。

　第4章は「中小企業政策の現況と北部での基盤的技術分野の勃興」についてである。ベトナムで中小企業政策が具体化してきたのは1998年頃からであり、今日に至るまでほぼ20年という短い期間しか経っていない。中小企業の定義は2009年に政令56号の公布により定められたが、これとておよそ約10年前であるにすぎない。本章では、ベトナム中小企業政策の現況についてまとめるとともに、現地でのヒアリング情報等も加味し、それに検討を加える。ベトナムはかねてより金型産業の育成には有利な環境にあることが指摘されてきたが、ここにきてようやく成長の兆しを感じとることができる。

　第5章では、「北部機械金属系中小製造業の勃興と創業者の基本的特徴―エリート資本主義の萌芽か―」が論じられる。ここではこれまでまったく知られることのなかった機械金属系中小製造業でのベトナム人起業家たちの行動を跡づける。国際経済への参加と歩みをともにしつつ、国内での市場経済の推進に大きな役割を果たしている、彼ら・彼女らの創業に際しての基本的な特徴点を整理してみる。北部での創業については、個人間での濃密かつインフォーマルな繋がりが重要である。日系企業に勤務し技術指導に熱心な日

人社員との巡り会い、あるいは大学での先輩・後輩関係や友人たちとの出会いなどがきわめて重要なキーポイントになる。そして、30～40歳くらいまでの比較的に若い年齢層の経営者に日本留学の経験者が多く、日本でのものづくりの卓越さを肌身で感じとっている。また、40代後半～50代前半の年齢層には当時のソ連や東欧諸国への留学経験を持つ者も少なくない。濃密かつインフォーマルな人間関係の結びつきの個人的背景にあるのが創業者の学歴である。創業者のほとんどが大学卒業者であり、その多くがトップ大学の同窓生であることは無視できない。中国には及ぶところではないものの、ベトナム北部では「エリート資本主義」とでも名付けられうる可能性の萌芽が確認できる。まさしく、ベトナムなりのアントレプレナーの出現である。

第6章は「バイク関連分野でのベトナム中小メーカーの多様な育成と創業プロセス」を論じる。前章でわれわれは、ベトナム人起業家が新規開業に踏み切る契機として、①資金面での制約の解消、②知識・関心の醸成、③信頼感／インフォーマルかつ濃密な人間関係の形成、④基礎的な技術の習得／進出日系企業や前の勤務先での技術習得の4点を指摘した。ここでは、「基礎的な技術の習得／進出日系企業や前の勤務先での技術習得」について、さらに詳しく掘り下げてみる。バイク関連の機械金属関連日系製造企業にあっては外注取引関係の発展や、同業者組織の発足、ベトナム人従業員への日本研修の機会提供、優秀なベトナム人技術者のタイ工場への派遣、仲間取引の存在等々、多様な道筋を通じてベトナム企業の育成に豊富な機会を提供している。つまり、日系企業の積極的な事業展開と熟練した日本人技術者の存在が、ベトナム中小製造業の創業とその成長プロセスに大きな刺激を与え続けている。

補章は、2014年10月に「ASEAN統合とベトナムの工業化」をテーマとして開催された国際シンポジウムの記録である。早稲田大学社会科学総合学術院のトラン・ヴァン・トゥ（Tran Van Tho）教授が「ベトナム工業化の新段階と日本」、ベトナム経済管理中央研究所CIEM副所長（当時、現在・同上級専門家）のヴォ・チ・タイン（Vo Tri Thanh）氏による「AECを超えて―ベトナム発展の展望」、そして日本貿易振興機構海外調査部アジア大洋州課長（当

はしがき

時、現在・専修大学商学部准教授）の池部　亮氏による「ベトナムと中国の生産ネットワークの変化―華越経済圏の展望―」という3本の基調講演ののち、第二部においては私をモデレーターとして、パネルディスカッションが行われた。トラン・ヴァン・トウ先生には本シンポジウムへの参加をご快諾くださったのみならず、ヴォ・チ・タイン氏をご紹介いただいた。また、池部亮氏とお引き合わせいただいたのは、坂田幹男先生（大阪商業大学経済学部教授）である。

　ただ率直に言えば、本書には以下の制約があることを述べざるを得ない。
　第一に、分析の対象地域を最初からハノイなどのベトナム北部に限定している点である。資本主義的土壌がある程度根付いていた南部地域を最初から対象外としたのは時間的制約のためであった。第二に、ケースのほとんどを機械金属関連業種としたことによる限界である。開発経済論や世界経済論などがこれまで後進国の経済発展を実現していく際の代表業種としてきた繊維産業を念頭に置かずして議論を進めている。さらには、勃興著しいサービス業、流通業、IT産業等に関しても今回は分析する余裕がなかった。第三は、今日のベトナム輸出額の2割を占めるとされるスマートホンの生産構造を解明していないことである。サムソン電子の巨大工場が北部にあるにもかかわらず、部品調達網の解明に着手できなかった。第四に、ASEAN域内でのインフラ整備のいっそうの進展が、後発のCLMV諸国（カンボジア、ラオス、ミャンマー、ベトナム）への直接投資行動に大きな影響を及ぼすだろうが、本書ではこれらの問題を正面からは取り上げていない。
　このように本書には多くの制約があることを十分に自覚しているが、それでもなお私はASEAN経済圏の一隅にベトナムなりのアントレプレナーが続々と誕生していることを伝えておきたかった。
　私のベトナム調査は、大阪商業大学研究奨励助成費（平成25年度・26年度〈ベトナムにおける技術形成と裾野産業育成についての研究〉、同28年度〈ベトナム新規開業企業と起業家像の実態把握のための調査研究――農民層分解から製造業企業家への多様な道筋を探る――〉）そして同大学比較地域研究所共同研究

プロジェクト助成（平成 24 年度・25 年度〈グローバル化・東アジア化時代における地域産業の国内存立基盤の変化と海外進出〉、同 26 年度・27 年度〈アジアにおける企業家群像の抽出と企業家ネットワークによる経済統合の深化に関する研究〉および同 28 年度・29 年度〈アジアにおける経済統合の深化と企業家ネットワークの形成についての研究〉）を得て可能となった。さらに、この本が大阪商業大学比較地域研究所研究叢書の第 17 巻として刊行されるにあたっては同大学学術研究事務室の方々に支えていだいた。このような充実した研究環境を与えてくれる大阪商業大学には心から感謝したい。また、本書の出版に際しては御茶の水書房編集部の小堺章夫氏には多大なる世話をいただいた。

　本書執筆中の 2017 年 12 月 14 日夕刻に大学・大学院時代の恩師であった内田勝敏先生（同志社大学名誉教授）が逝去されたとの連絡が入った。先生には学部 2 年生のときにゼミナール参加をお認めいただき、以来大学院の博士後期課程に至るまで、長年に及ぶご指導をいただいた。特に記してご冥福をお祈り申し上げたい。

　　2017 年 12 月

　　　　　　　　　　　　　　　　　　　　　　　　　　　　　　前田啓一

初出一覧

第1章　『大阪商業大学論集』第10巻第1号（通巻173号）、2014年6月所収に若干の加筆修正を施した。

第2章　前田啓一・池部　亮編著『ベトナムの工業化と日本企業』同友館、2016年6月所収の第2章「ベトナム北部での進出日系企業の存立形態とベトナム地場企業の勃興」に、同書第1章「ベトナム工業化における進出日系企業の役割について」を融合し加筆修正を施したうえで、タイトルを変更。

第3章　『同志社商学（太田進一教授古稀祝賀記念号）』第64巻第6号、2013年3月所収に若干の加筆修正を施した。

第4章　大阪商業大学比較地域研究所『地域と社会』第17号、2014年10月所収に若干の加筆修正を施した。

第5章　『同志社商学（嶋田　巧教授定年退職記念号）』第66巻第6号、2015年3月所収に若干の加筆修正を施した。

第6章　大阪商業大学比較地域研究所『地域と社会』第19号、2016年10月所収に若干の加筆修正を施したうえで、タイトルを一部修正。

第7章　大阪商業大学比較地域研究所『地域と社会』第18号、2016年2月所収。ただし、人名のカタカナ表記等を一部修正。

ベトナム中小企業の誕生
——ハノイ周辺の機械金属中小工業——

目　次

目　次

はしがき　iii

第1章　グローバリゼーションに直面するベトナム経済の
　　　　課題 ……………………………………………………………… 3

　1　はじめに　3
　2　ベトナムの国際的な立ち位置と直接投資　5
　3　日系企業の現地調達、外注関係、国際分業の変容について　17
　4　おわりに　29

第2章　ベトナム北部での進出日系企業の存立形態と
　　　　ローカル中小企業の勃興 ………………………………… 31

　1　はじめに　31
　2　北部に集中する機械金属系の日系企業　35
　3　ベトナム北部での機械金属系日系製造企業の存立形態　38
　4　ASEAN立地を活用する日系進出中小企業　41
　5　勃興するベトナムの地場ローカル企業　45
　6　おわりに　53

第3章　北部日系工業団地における日系中小企業の事業展開
　　　　──ハノイとハイフォンを中心に── ……………………………… 55

　1　はじめに　55
　2　ベトナムへの直接投資と技術移転　56
　3　ベトナム北部における工業団地の整備状況　62
　4　日系工業団地に入居する日系企業の事例──野村ハイフォン工業団
　　　地──　82
　5　おわりに　89

第4章　中小企業政策の現況と北部での基盤的技術分野の勃興 ………………………………………………… 93

1　はじめに　93
2　ベトナム中小企業の現状把握と中小企業振興政策　93
3　裾野産業育成政策　110
4　現地調達問題　112
5　基盤的技術分野の勃興　114
6　おわりに　118

第5章　北部機械金属系中小製造業の勃興と創業者の基本的特徴──エリート資本主義の萌芽か── ………………… 121

1　はじめに　121
2　ベトナム北部での新規開業の叢生　121
3　ベトナム中小製造業の創業と事業内容　123
4　創業者の資金調達と学歴等　141
5　新規開業者の四つの基本的特徴　143
6　おわりに　144

第6章　バイク関連分野でのベトナム中小メーカーの多様な育成と創業プロセス ……………………………………… 147

1　はじめに　147
2　ベトナム中小製造業の創業と進出日系企業・日本人技術者との関わり　150
3　ベトナム中小製造業の多様な育成と創業プロセス──日本との関わりのなかから──　163
4　おわりに　165

補章　【国際シンポジウム】　ASEAN統合とベトナムの工業化
　　　　　　　　　　　　　　　　　　　　　　　　　　　　　　　　　　　167

　　　　　　　　　　パネリスト　　トラン・ヴァン・トウ（Tran Van Tho）
　　　　　　　　　　　　　　　　　ヴォ・チ・タイン（Vo Tri Thanh）
　　　　　　　　　　　　　　　　　池部　亮
　　　　　　　　　　モデレーター　前田啓一

あとがき　213

アンケート調査票　217

インタビュー企業リスト（主要なもののみ）　223

索　引　235

ベトナム中小企業の誕生
——ハノイ周辺の機械金属中小工業——

第1章　グローバリゼーションに直面するベトナム経済の課題

1　はじめに

　日本の対ベトナム直接投資は、これまでいくたびかの変動の波を迎えてきた。近年では我が国資本の直接投資先として、いわゆるチャイナ・プラス・ワンの選択肢の一つとしても、かなりの注目を浴びるに至っていることは周知の通りである。

　しかしながら、ベトナムでは裾野産業が未成熟であるとの認識が現状では一般的で、技術移転の受け皿となるべき地場中小企業の育成が急務であるとされる。そのため、ベトナム進出に躊躇する日本企業も少なからず存在する。したがって、ベトナム政府では2008年以降、裾野産業育成政策を強力に推進するようになった。

　筆者はベトナム中小企業が未成熟で、あってもその数はきわめて少なくしかもすこぶる停滞的かつ後進的であるとの理解は1990年代当初の移行期での姿であり、そのような見方は今日では一面的なものに留まったものであると考える。このような視点に立つならば、我が国とベトナムとの国際生産分業関係の有り様に関しての理解も変わってくるに違いない。最近では、ベトナム国内で具体的に実施されている様々な裾野産業育成のための振興施策や継続的な努力によってベトナム地場企業の漸進的成長がもたらされ、また進出日系企業等による外注先としてのベトナム中小企業の不断の「発掘」作業が続けられるとともに、新規創業の製造中小企業群の勃興が窺われる（後掲の第4～5章を参照されたい）。そして、このところの多様かつ積極的に進められているアジアでのFTA・EPAネットワーク構築の動きとも密接に絡みつつ、

タイを中心とする「メコン経済圏」での生産分業体制の再編が加速化していくだろう[1]。そのことはアジア大での各国・各地域間での生産分業再編成への契機となるに違いない。また、このような分業構造の再編成は2015年を目途に進められてきたASEAN経済統合や中国・ASEAN間でのFTA完成に向けての各企業の対応策、さらにはそれに関連するASEAN各国の産業政策見直し等々とも重なり今なお事態は混沌としている。ただ、アメリカでのトランプ政権の発足により、ベトナムも参加予定であったTPP（環太平洋経済連携協定）交渉に関しては漂流を続けており、その発効の目途はたっていない[2]。

　この第1章では、経済グローバル化が急速に進むアジアのなかにあって、現在のベトナムの置かれている特徴的な国際的立ち位置をまず確認する。ベトナムは他のASEAN主要国とは異なり、グローバリゼーションへ対応すべき時間はきわめて短いという制約がある。そのような短期間の内にあって、ベトナムは日本などからの直接投資導入を梃子として工業化の途を歩もうとしている。そして、裾野産業育成が急務の課題となっているベトナム製造業の現況とそれを取り巻く国際経済環境の変化への対応について、筆者が中心となり2013年に実施した進出日系機械金属系中小企業に対するアンケート調査の結果を踏まえて、検討を進めていきたい。

1）例えば、「日本経済新聞」2013年4月24日付け参照。ここでは、ラオスのタイ国境沿いに工業団地の建設が新たに始まることを報じている。それにより、「タイやベトナムといった工場集積地と、カンボジアなどが生産を補完する仕組みに、物流の要衝に位置するラオスが加わる」と説明されている。
2）日本政府は、アメリカを除く参加11カ国で「TTP11」の早期発効を目指す方針に転換し、その後にアメリカを引き戻す考えである（「日本経済新聞」2017年4月27日付参照）。
　さらに、2018年1月23日には東京で開催された首席交渉官会合でTTP11の署名式を3月8日にチリで開くことで合意した。日本政府は2019年での発効を目指している（「日本経済新聞」2018年1月24日付）。

2 ベトナムの国際的な立ち位置と直接投資

(1) ベトナムの国際的立ち位置

　中国やベトナムなどの社会主義国が世界市場と連結するに至ったのはいずれも20世紀の後半になってからである。すなわち、中国で経済改革が進められ対外的な開放政策が発表されたのは1978年12月であり、一方ベトナムにおけるドイモイ政策の公表は1986年12月のことであった。市場経済への移行開始は、両国ではしたがって8年間の違いでしかない。ところが、このわずか8年間のうちに両国での経済発展の規模とスピードにはあまりにも大きな違いがもたらされてしまった[3]。

　周知のように、対外開放後の中国には世界各国から大規模な直接投資が流入し、その結果として中国はアメリカや日本などへの輸出拠点として世界の工場の地位を確立するに至った。他方、ベトナムはその間も低所得国としての地位に甘んじていた。ベトナムの一人当りGDPが1,000ドルを突破し、世界銀行の分類上で中所得国として認められるようになったのはようやく2008年のことであるにすぎない。

　ところで、グローバリゼーションの波が1990年代以降、急速に世界を席捲するようになってくる。発展途上国の多くで「世界のグローバリゼーションと自国のグローバリゼーションが時間的に重なり合い、二重の意味での強

3）トランはこのことをもって、中国やベトナムの経済改革には市場経済への「移行」と、「開発」という二つの視点が必要であることを指摘する（トラン・ヴァン・トウ『ベトナム経済発展論──中所得国の罠と新たなドイモイ──』勁草書房、2010年9月、29ページ）。また、社会主義経済から市場経済への移行戦略としてはIMFや世界銀行などのワシントン・コンセンサスに代表される急進主義よりも、ベトナムでは総じて漸進主義（gradualism）が採用されたことを強調している（例えば、11〜12、20ページを参照）。
　さらに、彼はワシントン・コンセンサスとの比較ではないものの、ベトナムでは中国とは異なりその移行戦略が漸進主義的であり、国有企業のシェアが長期的に高く維持されて民間企業の発展が抑制されてきたこと、さらにベトナムでは中国の鄧小平のような強力なリーダーが不在であったことに特徴があると述べている（293、289〜290ページ）。

烈な歴史的経験[4]」の時期を迎える。ベトナムでもこのことは例外ではない。

ベトナムは1995年にASEANに加盟し、その翌年にはAFTA（ASEAN Free Trade Area；ASEAN自由貿易地域）に参加する。AFTAの目標を実施するためのCEPT（Common Effective Preferential Tariffs；共通有効特恵関税）スキームのもとで、ベトナムは2015年までに関税撤廃を終えなければならない。2001年に越米通商協定の締結ののち、5年間という超短期間でWTO加盟（2006年11月承認、2007年1月正式加盟）にまで漕ぎつけることができた。したがって、ベトナムはWTOに正式加盟ののち、つまり世界自由貿易体制への参加が認められて、本書刊行に至るまでわずか10年しか経過していない。また、2005年7月のASEAN・中国間でのFTA（「包括的経済協力枠組み協定」）発効にともない、新規加盟国（ベトナム）は工業品に関して2015年までに関税を撤廃し、FTAを完成させけれればならない。つまり、ベトナムは2015年1月1日までには一部のセンシティヴ品目を除いて、中国ならびにASEAN各国から輸入する全ての工業品についての関税撤廃を約束した。要するに、ベトナムではASEAN諸国ならびに中国との間において比較劣位となった品目の輸入急増の可能性が高まっている。さらにはそのような各国間における産業構造上での比較優位・劣位関係の固定化がもたらされかねない。しかしながら、今日のベトナムの経済発展ならびに工業化戦略はグローバリゼーション下で「挑戦」と同時に「機会」の時期に直面している重要課題と認識すべきである。早急に工業化と産業振興の方向性を明確にし、直接投資の適切な導入とそれによる地場企業（ローカル企業）の積極的育成への努力を継続していく必要があると考えられている[5]。

4）大野健一「国際統合に挑むベトナム」（大野健一・川端望編著『ベトナムの工業化戦略——グローバル化時代の途上国産業支援——』日本評論社、2003年3月に所収）、33ページ。
5）このような認識については、移行期以降のベトナム支援に関わるJICA関係者の多くが共有している。例えば、次のような記述を参照。
　「・・・、ベトナムの中小企業の育成はAFTA、WTO加盟という国際的な経済環境下では急務となっており、早急に支援体制を確立するニーズは高く、時間も限られている。このタイミングを逃すと、ベトナムの工業は裾野産業が拡がらない形になる可能性も高い・・・緊急の課題である・・・」（独立行政法人国際協力機構経済開発部『ベトナム

図表 1-1　1 人当たり GDP の推移（2000 年ドル価格）

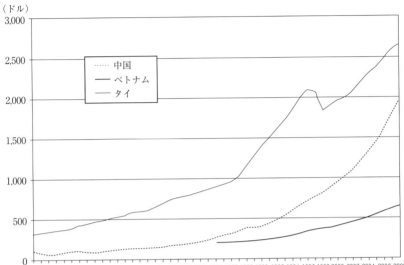

（出所）トラン・ヴァン・トゥ『ベトナム経済発展論——中所得国の罠と新たなドイモイ——』勁草書房、289 ページ。

　したがって、グローバリゼーションへの対応という点から見れば、ベトナムは他の ASEAN 諸国よりも出遅れた感がかなり強い。ASEAN 諸国のなかには 1960 年代から輸入代替工業化の途を選択し、その挫折を経たのち 1980 年代あたりからは輸出志向工業化戦略への転換を明確にしていった国も存在する。輸入代替工業化それ自体は失敗に終わったものの、タイなどの ASEAN 諸国ではその間での産業もしくは技術面での一定程度の基盤蓄積が着実に培われていた点がベトナムとは大きく異なる。ベトナムは 1980 年代の半ばから、タイなどとは違って、輸入代替工業化の経験を踏まえることなく、いきなり輸出志向工業化の途を歩まねばならないことになったのである。
　まず、**図表 1-1** を見ていただきたい。これは 1960 年代から 2008 年までの 50 年近くの時期について、2000 年のドル価格で示した中国、ベトナム、タ

社会主義共和国中小企業技術支援センタープロジェクト事前調査報告書』2006 年 6 月、42 ページ）。

イ3カ国の1人あたりのGDPの推移である。タイでは1960年代以降緩やかではあるが増勢傾向が見てとれるし、80年代後半からその伸びは顕著となっている。これに対して、中国は80年代の半ばからの急成長が、そしてベトナムは90年を過ぎる頃から緩やかな上昇傾向が窺われるようになる。

ASEANの先進5カ国グループ（シンガポール、マレーシア、タイ、インドネシア、フィリピン）では直接投資導入を組み込んだ輸出志向工業化戦略を積極的に推し進めてきたとはいえ、そこでの製造業の産業組織はこれまで外資系企業の比重の高さと地場系中小企業の脆弱さに性格づけられてきた。ベトナムにおいても地場系中小企業の育成にはまだまだ長い時間を要し、そのために「製造業の核の部分は外資系企業によって占められてもやむなしと割り切るべき」との主張も明確になされてきた[6]。

(2) ASEANのなかのベトナム——貿易と投資の循環のなかで——

ベトナムで外国資本導入の姿勢が明確になってくるのは1990年代である。我が国からベトナムへの新規の直接投資はこれまでにおおよそ3度のブームがあった[7]。1994～97年が第1次ブームで、94年でのアメリカによる経済制裁解除を契機とした。だが、このブームは97～98年のアジア通貨危機によって停滞した。1998年からベトナムは外国資本導入政策に転換する。投資関連法規の整備や100％出資での投資活動の承認、外国投資に対する各種税制の減免、工業団地の整備・拡充についての検討が進められるようになった。こうして、第2次ブームが2005年頃から2008年までに到来した。2008年には投資件数147、投資金額としては最高の76億5,300万ドルに達した。ところが、第2次ブームはリーマンブラザーズ破綻後における世界的不況の深刻化や鳥インフルエンザ感染拡大への恐れ等から急速に沈滞する。2010年

---

6) 木村福成「工業化戦略としての直接投資誘致」（大野・川端編、前掲書に所収）、85ページ。

7) 以下、日本の直接投資の説明に関しては、前田啓一「ベトナム北部日系工業団地における日系中小企業の事業展開について——ハノイ市とハイフォン市を中心に——」『同志社商学』第64巻第6号、2013年3月の42～44ページを参照〈本書第3章として収録〉。

第1章　グローバリゼーションに直面するベトナム経済の課題

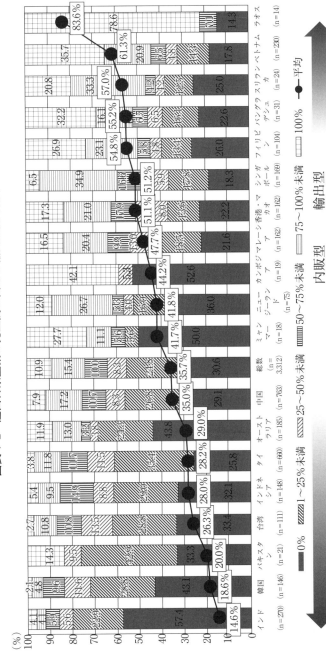

図表1-2　進出日系企業の売上高に占める輸出金額の比率

(出所）日本貿易振興機構（ジェトロ）海外調査部アジア大洋州課・中国北アジア課「在アジア・オセアニア日系企業活動実態調査（2012年度調査）」2012年12月18日、56ページ。

以降現在に至るまでは、第3期とでも呼べるほどの高水準の対ベトナム投資の時期を迎えている。

ところで、海外に進出している日系企業ではその進出先国の如何にかかわらず、主要な販売先として海外市場（輸出）を目指すのか、あるいは進出先国内市場に期待するのかという基本的な販売戦略の立案がきわめて重要である。

図表1-2は、アジア・オセアニアにおける進出日系企業の売上高に占める輸出金額の比率を一覧にしている[8]。この図ではその右側にいくほど平均輸出比率が高く、ラオス（83.6%）に次いでベトナム（61.3%）が二番目の位置となり、スリランカやバングラデシュよりも上位にきている。他方、図の左側からは輸出比率の低い順に並び、インド、韓国などののちに、インドネシア（28.0%）とタイ（28.2%）が登場する。つまり、現状ではベトナムが輸出拠点としての位置づけが高いのに対して[9]、タイは輸出比率が低く国内市場への販売比率が高いという違いが示されている。今後についても、「現地市

図表1-3　現地市場開拓においてターゲットとする層（企業向け販売）

		現地日系企業向け	地場企業向け	地場外資系企業向け
総数	現在	72.1%	55.6%	23.7%
	将来	65.9	69.3	36.7
ASEAN	現在	83.3	43.2	22.5
	将来	77.1	56.3	35.8
タイ	現在	90.1	36.2	17.6
	将来	83.4	48.6	29.5
ベトナム	現在	86.4	32.8	21.6
	将来	80.2	51.6	41.3
中国	現在	77.6	52.1	27.9
	将来	64.1	73.9	43.4

（出所）同上、31ページより作成。

8）日本貿易振興機構（ジェトロ）海外調査部アジア大洋州課・中国北アジア課『在アジア・オセアニア日系企業活動実態調査（2012年度調査）』2012年12月18日、56ページ。調査時期は2012年10月9日～11月15日。

9）輸出が全てという全量輸出型企業の比率はラオス（78.6%）を筆頭とし、このほかカンボジア（42.1%）、ベトナム（35.7%）、バングラデシュ（32.2%）などで高い（同上）。

第1章　グローバリゼーションに直面するベトナム経済の課題

図表 1-4　経営上の問題点

	タイ	ベトナム
1	従業員の賃金上昇 (77.9%)	従業員の賃金上昇 (81.5%)
2	競合相手の台頭 (コスト面で競合) (57.2)	原材料・部品の現地調達の難しさ (74.5)
3	現地人材の能力・意識 (55.0)	現地人材の能力・意識 (60.5)
4	幹部候補人材の採用難 (50.3)	幹部候補人材の採用難 (54.7)
5	主要取引先からの値下げ要請 (50.1)	通関等諸手続きが煩雑 (53.9)

（出所）同上、42ページより作成。

場開拓を（輸出よりも）優先する」との回答が、タイ（45.5%）ではベトナム（27.9%）よりずっと高い[10]。その場合、現地市場開拓（企業向け販売）の将来的な方向としては（**図表1-3**）、総じて現地の日系企業向けを減らす傾向があるとともに、地場企業向けや地場外資系企業向けを増やそうとしている。なかでも、ベトナムでは地場企業向けならびに地場外資系企業向けがそれぞれ18.8、19.7ポイントも高まっていることに注目される。

このような状況のなかで、進出企業の経営上の問題点としては（**図表1-4**を参照）、タイ、ベトナムの両国で、「従業員の賃金上昇」が最も多く指摘されているほか、「現地人材の能力・意識」や「幹部候補人材の採用難」も共通している。ただ、タイでは「競合相手の台頭（コスト面で競合）」や「主要取引先からの値下げ要請」も重視されており、企業集積の進展とそれによる企業間競争の激しさを反映した問題点が指摘されている。他方、ベトナムでは第2位に「原材料・部品の現地調達の難しさ」が認識されているほか、「通関等諸手続きが煩雑」も問題点として指摘されている。

図表1-4ではベトナムでの原材料・部品の現地調達が困難であることを明らかにしていたが、あらためてそれら原材料・部品の調達先を示す資料が次の**図表1-5**である。これによると、現地での調達割合が高いのが中国で60%を超えているほか、タイでも50%を上回っている。これに対して、ベトナムでの比率は中国やタイの半分程度にすぎず、現地調達の困難さが示されている。ベトナムでは現地調達の難しさをカバーするものとしてASEANや中

---

10) 同上、29ページ。

図表 1-5　原材料・部品の調達先割合

	現地	日本	ASEAN	中国	その他
総数	47.8%	31.8%	7.2%	5.3%	8.0%
中国	60.8	31.4	2.4	－	5.6
タイ	52.9	30.7	5.0	4.3	7.1
ベトナム	27.9	37.4	13.2	11.3	9.8

(注) 国・地域別の合計が100%になるよう回答したもの。
(出所) 同上、48ページより作成。

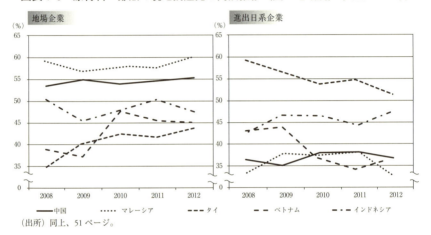

図表 1-6　原材料・部品の現地調達先の内訳推移（国・地域別）（2008〜12年）

(出所) 同上、51ページ。

国からの調達割合が他の国よりも高くなっている。

　また、現地調達先の内訳として、地場企業と進出日系企業の比率を最近5年間での推移で見ると（**図表 1-6**）、タイでは地場企業が着実に高まっているのに、進出日系企業は反対に低下傾向が明白である。他方、ベトナムでは地場企業が2010年に急に増えたのちは横這いから緩やかに減少気味に推移しているが、進出日系企業は2009年から低下したのちに2011年には再び上昇する気配が窺える。この点は、タイとベトナムでの生産拠点としての異なる位置づけが反映していると考えられる。すなわち、地場の中小企業や裾野産業の集積が一定程度進んでいるタイとそのような状況には未だ達していないベトナムとの違いを反映している。タイもベトナムも、進出先でのコスト面

図表1-7　東アジア各国・地域の中間財・最終財貿易動向（1999年）　　図表1-8　東アジア各国・地域の中間財・最終財貿易動向（2009年）

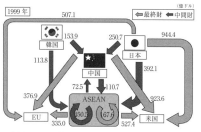
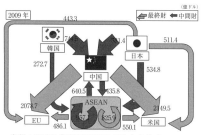

資料：RIETI「RIETI-TID2010」から作成。
(出所) 経済産業省『通商白書』2011年度版、96ページ。

資料：RIETI「RIETI-TID2010」から作成。
(出所) 同上。

での考慮から地場産業からの調達を増やそうとしているが、ベトナムについては調達可能性ある地場企業がそれほど多く存在しないので、必要やむなく進出日系企業からも調達を増やさざるを得ないこともあるためと考えられる。

今後の生産機能高度化について、同じくジェトロが調べたものによると、「高付加価値品の生産機能を拡大する」が「汎用品の生産機能を拡大」との回答を上回った諸国のなかにはタイ（それぞれ43.5%、34.5%）と中国（33.6%、25.6%）がある。逆に、ベトナムでは「汎用品」（44.7%）が高くて、「高付加価値品」（38.5%）を超えている。このように、今のところ、ベトナムでの生産機能の位置づけはタイや中国とは異なり、高付加価値品を目指すものづくりではなく、普及品や汎用品タイプの生産を目指す企業の多いことが示されている[11]。

国際経済環境の激変は東アジアの域内貿易循環にきわめて大きな影響を及ぼしている。ここでは以下の議論を展開するうえで必要な最近10年間についての事実を確認するのみにとどめておこう（**図表1-7**ならびに**図表1-8**を参照）。

東アジアの貿易循環について1999年から2009年までの変化をみると、1999年では日本は韓国とともに中間財をASEANに供給し、そこで組立て、

---

11) 同上、22ページ。

図表 1-9　ASEAN への中間財輸出額シェアの推移（1990 年、1999 年、2009 年）

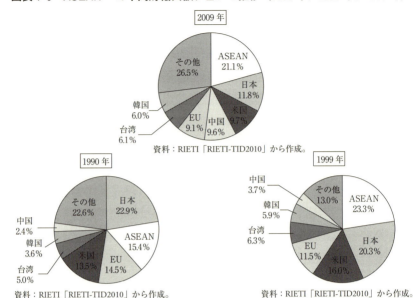

資料：RIETI「RIETI-TID2010」から作成。
（出所）同上、99 ページ。

そして最終消費地の欧米等に輸出するという東アジア生産ネットワーク構造が成立していた。ところが、この 10 年間でその構造に大きな「深化と変容」が現れている[12]。すなわち、①この東アジア生産ネットワークは域内での中間財需要を大きく拡大させながら、②これまで主に ASEAN が担っていた「組立・最終財輸出」工程が中国に移り、ASEAN は中国への中間財供給者の役割を拡大するようになった。このように中国は東アジア生産ネットワーク構造のなかで絶対的な生産・輸出拠点としての地位を確立するとともに、日本や ASEAN は中国に中間財供給を行うことで東アジア域外へ最終財を供給するという新たな貿易循環が成立するに至った。

さらに、この 10～20 年間で ASEAN の域内貿易についても、これまでとは異なったパターンが出現している[13]。**図表 1-9** によって、1990 年と 2009 年

---

12) ここでの説明に関しては、主に経済産業省『通商白書』2011 年度版、2011 年 8 月、96～97 ページを参考にした。
13) 同上、98～99 ページ。

でのASEANに対する中間財輸出額の地域・国別シェアの推移を調べると、1990年では日本が22.9%と最も大きなシェアを占めていたのが、2009年にはASEANが21.1%で第2位の日本の11.8%を大きく引き離している。すなわち、日本からの中間財供給は次第にASEANに置き換えられつつある。通商白書2011年版は、ASEANが生産において"自律的となりはじめた兆し"が窺われるとともに、ASEAN域内で貿易の深化が遂げているとの評価を与えている。このことは、企業の最適分業構築戦略を進める上で、ASEANの位置づけがますます重要になってくることを意味する。

　それではこの間、ベトナムの貿易構造はいかなる変容を遂げたのか。まず、指摘しておかなければならないのは、2000年以降に輸出が急増していることと、それに伴い貿易赤字が大きく膨らんでいることである。貿易赤字の規模は輸出額よりも大きく伸長し、ベトナムの産業構造が依然とし輸出加工組立型を基本としていることが如実に示されている。ここではベトナムの産業発展＝最終工業製品の高度化とともに部品・中間財輸入が増えざるをえないという深刻な貿易構造の問題のあることを明らかにしている。つまり、このような貿易赤字の背景としては、輸出商品の高度化が遅れており国際競争力を備えた工業品に乏しいこと、そして輸入面では裾野産業の発展の遅れが輸入を誘発しているなどの指摘がなされる。また、貿易収支のインバランスについてはASEAN、韓国、中国との間で目立っている[14]。

　こういったベトナムの貿易構造は2015年に大きな危機を迎える。先述したように、同年においてベトナムはAFTAの完成とASEAN・中国間でのFTA実現の双方により、ASEAN域内諸国ならびに中国からの輸入関税を撤廃しなければならない。要するに、ASEAN諸国間での、さらには中国との間での国際生産分業がそれぞれの比較優位構造のなかで固定化することを通じ、その結果としてベトナムではこれら諸国からの部品・中間財のみならず最終完成品の輸入急増すら予想される事態が招来するかもしれない[15]。

---

14) トラン、前掲書、238〜241ページ。
15) 筆者が2012年8月にハノイ周辺の日系進出企業数社の幹部にインタビューした際にも、2015年でのこの事態がベトナム製造業にきわめて大きなダメージをもたらすのではない

トランは2009年8月の時点で、AFTAでのCEPTスキームのもとにおけるIL品目（Inclusion List、即時実施品目）リストのうちほぼ100%近くがすでに自由化されているが、輸入品全体の関税撤廃率は55.1%に留まっていることを指摘し、完全撤廃の時期にまで残された時間の少ないことに危機感を表明している。また、ASEAN各国との貿易で、ベトナムが出超なのはフィリピンのみで、シンガポール、マレーシア、タイについては大幅な輸入超過である。シンガポールからは工業品を輸入し、一次産品を輸出している。タイとの間では水平貿易を行っているが、ベトナム側の大幅赤字である[16]。

　さらに、ベトナムと中国との貿易には次の特徴が見られる[17]。第一に、2000年以降に両国間の貿易は急速に増加しているが、それはベトナムによる中国からの輸入が急拡大していることを背景とする。これにより、ベトナムの対中貿易赤字が大幅に増え、2009年には対中赤字が対世界全体の赤字額の9割を占めるに至る。他方、ベトナム以外のASEAN諸国（例えば、タイ、フィリピン、マレーシア）では対中貿易黒字が記録されている。第二に、ベトナムの中国向け輸出品の内容が依然として一次産品が中心であることだ。2007年のデータでは中国のベトナムからの輸入総額のなかで工業品は10数%にすぎない。ところが、タイやフィリピンについては対中輸出品の工業化率の上昇が目立っている。このような状況を踏まえ、トランは中−越間貿易が垂直分業構造に傾斜しているのに、一方で中国とASEAN原加盟国（タイなど）との貿易は水平分業構造の特徴をもつことの違いを強調している。

　他方で、ASEANと中国との間での貿易自由化交渉が進展している。すなわち、ASEAN・中国間でのFTAが2005年7月から発効したことを受け、ベトナムは2015年1月1日までには、センシティヴ品目を除く中国からのすべての工業品輸入の関税を撤廃しなければならない[18]。もちろん、ベトナム

　　かとの危惧が口を揃えて表明されていた。しかしながら、筆者らが2013年に実施した進出日系機械金属系企業に対するアンケート調査結果では、後述するように、逆にむしろプラスの影響を予想する企業の多いことも示されている。
16) トラン、前掲書、243〜246ページ。
17) 同上書、246〜249ページを参照した。
18) 同上書、249ページ。

第1章　グローバリゼーションに直面するベトナム経済の課題

が参加している FTA や EPA はこれだけにはとどまらない。ASEAN として締結した韓国、日本、インド、オーストラリア・ニュージーランドとの FTA、日本との二国間 FTA、そして TTP11 交渉への参加問題もあるが、これらへの言及についてはここでは省略せざるをえない。

3　日系企業の現地調達、外注関係、国際分業の変容について

2013 年 6～7 月にベトナム進出日系機械金属業種を対象にアンケート調査を行った[19]。発送総数は 299 通で、53 通の有効回答を得た。発送総数のうち、14 通が宛先不明で、また 1 通は回答あったものの業種が異なっていたので無効とする。したがって、有効回答率は 18.7％であった。ここでは、このアンケート調査結果より、現地調達行動、外注関係、国際生産分業上におけるベトナム工場の位置づけ変化、2015 年 ASEAN 経済統合の影響についての部分を中心に、以下で明らかにしていきたい。

まず、現在使用している素材に関しては輸入品が大半を占めている。現地調達との回答も見られるが、輸入品と組み合わせて使用している場合がほとんどでベトナム企業からの現地調達を進めている企業はわずか 2 社にとどまっている。素材の輸入先は、現在も 3 年前もほとんど変化が見られない。日本からというものがおおよそ三分の一で（現在：33.0％、3 年前：37.7％・・・回答記入件数全体に占める比率〈一部で複数記入を含む〉）、ついで中国（同じく、18.4％、18.8％）、タイ（14.4％、13.0％）などである。一例をあげると金型製造業では、回答企業 5 社のすべてが日本からの輸入品に依存し、1 社のみが中国からの輸入品もあるとしていた。

---

19)「ベトナムにおける日系進出企業（機械金属関連製造業）の国際分業・生産体制に関する調査」。本調査は私と Vu Thi Viet Thao 氏（ベトナム社会主義共和国外務省領事局勤務、当時・神戸大学大学院国際協力科博士後期課程）との共同で実施した。調査対象は、『海外進出企業総覧　国別編　2013 年版』東洋経済新報社の掲載企業、タンロン工業団地ⅠとⅡならびに野村ハイフォン工業団地に立地している日系企業を中心に選定した。アンケート調査票については本書の巻末に掲載。

図表 1-10　ベトナム国有企業から調達している市販部品

業種	調達内容
産業用機械	鉄鋼材、板金、鍛造他
産業用機械	鋳物
電子・電気機械・同完成部品	段ボール、ラッピングテープ、文具、生活用品
電子・電気機械・同完成部品	トレイ
輸送用機械・同完成部品	ゴム部品、ビス類
鋳鍛造品	鋳鉄部品
その他（冷間引抜磨棒鋼）	梱包資材、軍手

しかし、市販部品については現地調達がかなり進んでいる。現在の状況について、輸入、現地調達がそれぞれ 27 社、26 社とほぼ同じであった。素材調達では輸入品への依存が明白であったのに、市販部品については現地調達が相当進展しているとの事実が明らかになっている。ただ、市販部品の輸入先としては、現在も 3 年前もともに日本からという回答が 4 割前後で、これをタイが 12~13%、中国は 10~12% で追っている。市販部品の現地調達先（現在）としては、ベトナム民営企業が 45.6% でもっとも多く、ついで日系進出企業 26.7%、台湾系進出企業 10.0% が次いでいる。韓国系や中国系進出企業からの市販部品の調達はともに 4 件（4.4%）と少ないことが明らかになった。

次の**図表 1-10** と**図表 1-11** は、日系進出企業がベトナムの国有企業と民営企業から調達しているものをそれぞれまとめたものである。民営企業からの調達件数と比べると、国有企業から調達しているとのケースは回答が少ない。ただ、国有企業と民営企業からの調達品の内容にはほとんど同じ傾向が示されている。すなわち、産業用機械と輸送用機械・同完成部品製造業の一部で金属関連部材が、電子・電気機械・同完成部品にあってはプラスチック成形品の調達が部分的に見られるものの、全体としては段ボール箱・ラッピングテープ等の包装資材、発泡スチロール、ビニール袋やプラスチック袋、軍手などの作業用手袋、事務用品等々の調達がほとんどで、製品・商品そのものの機能に直接関わるものは含まれていない。このように、市販部品のベトナム地場企業からの現地調達が相当進展しているとはいえ、そのほとんどは製

第 1 章　グローバリゼーションに直面するベトナム経済の課題

図表 1-11　ベトナム民営企業から調達している市販部品

業種	社数	調達内容
産業用機械	3	段ボール、発泡スチロール、ナイロン袋、手袋、ゴム、ADC、AC、板金、金属加工部品、ヤスリ関係等
電子・電気機械・同完成部品	8	段ボール、発泡スチロール、パッキング材料、梱包用バンド、ラッピングフィルム、ナイロン・ポリ袋、PE 袋、手袋、プラスチック袋、ガラス、塗料、プラスチック成形品、銅の芯線、パレット類
輸送用機械・同完成部品	8	段ボール、梱包資材、ビニール袋、事務用品、刃具、使用備品、ドアガラス、バックガラス、タイヤ、タイヤチューブ&フラップ、デカール、プラスチック部品、油脂類、バッテリー、電線、機械加工部品、パレット等
金型	2	事務用消耗品（ノート、紙、ペン、ティッシュ他）
鋳鍛造品	2	段ボール、梱包材、ビニール袋等
プラスチック成形加工	3	段ボール、ナイロン・ポリ袋、梱包材、カートン、工具、機械部品、設備機器
その他（各種包装資材生産）	1	紙管、パッキンケース
その他（金属パイプの加工）	1	段ボール箱、ポリ袋、文具用品等
その他（自動車用（二輪含む）樹脂ホース製造）	1	パレット、ビニール袋、棚
その他（土木建築用免制震デバイス製造販売）	1	工場設備用机、いす等、台、棚
その他（板ガラス）	1	包装資材（合紙、段ボール、ビニールシート）
その他（鉄鋼建材製品の製造）	1	結束用フープ、亜鉛ワイヤー
その他（ゴム部品）	1	段ボール、パレット、手袋、制服等
その他（産業用駆動ベルト）	1	段ボール箱等の梱包材
その他（プリンター用ゴムローラ）	1	金属シャフト、段ボール箱
その他（金型用工具鋼販売）	1	包装シート
その他（表面処理薬剤の製造・販売）	1	容器（製品充填用）
その他（バルブ・継手の部品及び完成品の製造）	1	保護用キャップ、発泡スチロール

（注）「その他」については、記入内容を一括表示していない。また、「その他」のあとの括弧内には主要生産品目を記している。社数欄には、回答のあった企業の社数が示されている。なお、調達内容欄の ADC は Application Delivery Controller の略でロードバランサとも呼ばれるもの、AC については AC アダプターのことを指す。

図表 1-12　日系進出企業の主要な部品・素材の現地調達先の特徴（回答の記入件数）

	規格化・標準化されたもの		ユニット部品・複雑加工（組立）		非ユニットの外注部品・単純加工	
	現在	1〜3年後	現在	1〜3年後	現在	1〜3年後
日系進出企業	26	22	18	17	17	14
ベトナム民営企業	10	15	4	5	15	20
韓国系進出企業	5	7	2	3	3	3
台湾系進出企業	7	9	7	8	6	5
中国系進出企業	4	6	1	1	1	2
その他	1	1	1	1	2	2

品・商品の品質そのものに直接関係するものではない。したがって、日系進出企業にあっては、素材面での現地調達を主として輸入に頼っていることからコスト面での貢献はほとんどないに等しい。それゆえに、市販部品の、しかも製品・商品機能に直接関わってこないところでの調達を積極的に進めようという姿勢を明確に反映している。間接的とはいえ、製品機能に組み込まれる金属部品やプラスチック部品の利用はごく緩やかにしか進んでいないのが現状であるといえよう。

　このように、ベトナム地場企業からの市販部品調達が相当に進んでいるとはいっても、それに関わる問題点の指摘は山積状態である。品質・精度に関わる点や納期とコスト上の問題など、基本的には依然 QCD に関係する事柄がほとんどを占める。多くの進出企業ではこのような不満を多々感じている。また、取引可能な「企業そのものが存在しない」「細部の仕上げが悪い」とする企業もあるほか、「とにかく使い物にならないというか、物が揃わない」との不満を漏らす企業もあって、水準が全体としてはまだまだ低く、企業数の少なさと産業の幅に広がりが見られないことを認めなければならない。

　日系進出企業の主要な部品・素材の現地調達先の特徴について（**図表 1-12**）、日系進出企業からの調達品内容は現在も 3 年後も規格化・標準化されたものが多いが、ユニット部品・複雑加工（組立）や非ユニットの外注部品・単純加工に関するものも同様に数多く見られる。今後にわたり、日系進出企業からの調達は広範に進められるものと思われる。これに対して、ベト

図表1-13　調達先ベトナム企業（工場）の特徴（回答件数）

	①	②	③
開発・設計	5	21	17
5S活動	4	11	29
KAIZEN活動	2	17	25
加工精度	14	14	9
納期管理	2	11	30

（注）開発・設計：①積極的になりつつある、②一部だが取り組みつつある、③ほとんど進んでいない、5S活動、KAIZEN活動：①全面的に導入ずみ、②一部だが取り組みつつある、③まだまだ不十分である、加工精度：①±0.05㎜程度ないしそれ以下、②±0.02㎜程度、③±0.01㎜程度、納期管理：①高いレベルで進められている、②おおむね適正である、③まだまだ不十分である。

ナム民営企業からの調達品は規格化・標準品ならびに非ユニットの外注部品・単純加工を増やしていく傾向がはっきりと見受けられる。そのほか、韓国系、台湾系、中国系進出企業についての回答件数は少なかったが、台湾系進出企業からの調達方針は日系進出企業からの調達内容とほぼ同様の傾向が示されていた。

　先に、ベトナム地場企業からの市販部品調達先について問題点が数多く指摘されていることを述べたが、こんどは主要な部品・素材の調達先ベトナム企業（工場）の特徴を見てみよう（**図表1-13**参照）。設問は、開発・設計、5S活動、KAIZEN活動、加工精度、納期管理のそれぞれに関しての評価を尋ねている。その結果を示す本表によると、5S活動、KAIZEN活動、納期管理に関しての現状での評価は低い。すなわち、ほとんど進んでいないとの回答が最も多い。また、開発・設計に関しては、一部企業での導入意欲を評価する声が見られる。ただ、これをベトナム企業でのR&D活動の高まりと直ちには評価できない。むしろ、ここには現地仕様に向けての開発・設計機能の一部向上と見るべきであるのかもしれないし、いっそうの調査・分析が必要だろう。なお、加工・精度についても一定の向上方向が窺えるものの、これについても同じく今後の検討が必要であると考えられる。

　外注工場の活用については、3年前には進出企業のおよそ4割（21社、39.6%）にとどまっていたのが現在ではそれが6割（32社、60.4%）へと高まっている。しかしながら、このことだけをもってただちに外注工場の利用が進

図表 1-14　3 年前にはなくて現在には外注工場をもつ企業

	業種	外注工場の内訳（現在）
IZ 社	輸送用機械・同完成部品	ベトナム民営企業 3 社、マレーシア系進出企業 1 社
TM 社	電子・電気機械・同完成部品	日系進出企業 1 社
TB 社	鋳鍛造品	日系進出企業 1 社、台湾系進出企業 1 社

展しているとは結論付けられない。なぜなら、現在では稼働しているが 3 年前にはまだ創業していない企業による回答がここでは多数含まれているからである（16 社）。3 年前には見られなかった外注が現在あると回答しているのはわずか 3 社にすぎない（**図表 1-14**）。

次に、外注工場を利用している場合にその国籍別に 3 年前と現在とを比較してみよう。

図表 1-15 からは、以下の 4 点が明らかとなる。第一は、合計欄からも明らかになるように、回答に 3 年前での未開業企業が含まれているとはいえ、ベトナムでの外注関係の広がりが示されていることに気付く。利用している外注工場の数が 1～5 軒（社）というものが、この 3 年間で 13 から 23 社へと倍近くになっていることにそのことは反映している。第二は、この外注関係の広がりがとりわけベトナム民営企業において確認できる。同じく 1～5 軒の外注工場を使っている企業が 11 社から 20 社へとほぼ 2 倍になっている。ベトナムの民営企業を外注先として積極的に活用していく方向が窺われる。第三は、日系進出企業を外注先として利用している状況も明らかになっている。1～5 軒を利用するものがこの期間中に 10 社から 16 社へと大きく増加している。ただ、6～10 軒の回答が 4 社から 1 社に減少している。多くの理由から日系進出企業を現状では外注先として活用してはいるものの、できればその数を減らしていきたいという方向が出ている。第四は、ベトナム国有企業、韓国系進出企業、中国系進出企業に関しては外注先としての活用がそれほどは広まっていないものの、ただ台湾系進出企業については増加の傾向が見られている。要するに、ベトナム北部における日系企業の現状では、外注先としてベトナム民営企業と日系進出企業とを活用している、あるいは双方の活用を進めようとする様子が示されている。そのことは、コストなどの

図表1-15　外注工場数の国籍別比較

	3年前	現在
合計 1～5社との回答企業数	13	23
6～10社	2	2
11社以上	5	6
ベトナム国有企業　1～5社	3	4
6～10社	なし	なし
11社以上	なし	なし
ベトナム民営企業　1～5社	11	20
6～10社	なし	1
11社以上	なし	なし
日系進出企業　1～5社	10	16
6～10社	4	1
11社以上	2	3
韓国系進出企業　1～5社	1	3
6～10社	なし	なし
11社以上	なし	なし
台湾系進出企業　1～5社	4	9
6～10社	1	1
11社以上	なし	1
中国系進出企業　1～5社	2	4
6～10社	なし	なし
11社以上	なし	なし
その他　1～5社	2	3
6～10社	なし	なし
11社以上	1	1

（注）外注工場は社数。

点から日系企業への依存度を抑えつつ、ベトナム民営企業についてはQCDなどを見極めながら慎重に利用していこうとする企業行動が表れている。ただ、この点に関しては、実態調査等でのさらなる分析が必要であろう。

次の**図表1-16**は、ベトナム民営企業を外注工場として利用している日系企業を一覧にしたものである。これによると、輸送用機械・同完成部品と電子・電気機械・同完成部品がほとんどであり、やはり二輪関係や家電等での大型組立工場でこれらの利用が徐々に見られている。また、一部であるもの

図表 1-16　ベトナム民営外注工場の利用社数

	主な生産品目	外注工場の数（社数）	
		3年前	現在
IZ 社	輸送用機械・同完成部品	0	3
FE 社	電子・電気機械・同完成部品	2	4
SE 社	電子・電気機械・同完成部品	5	5
NV 社	電子・電気機械・同完成部品	2	3
SS 社	その他	2	2
NS 社	輸送用機械・同完成部品	4	5
HM 社	輸送用機械・同完成部品	2	2
JK 社	産業用機械・同完成部品	5	5
F 社	金型	2	2
TF 社	輸送用機械・同完成部品	1	1
KB 社	輸送用機械・同完成部品	0	2
DA 社	その他	2	2
TH 社	金型	0	2
DP 社	プラスチック成型加工	2	3
FK 社	その他	0	1

の、金型製造業での活用事例も示されている。

　今後1～3年間のうちに、利用強化に努めたい外注先としては（複数回答）、記入総計72件のうち、ベトナム民営企業（27件、37.5%）と日系進出企業（28件、38.6%）が最も多く、韓国系進出企業や台湾系進出企業はともに6件とあまり見られなかった。また、ベトナム国有企業と中国系進出企業との回答は同じくともに2件と少ない。

　また、ベトナムで今後1～3年間に育成が必要な業種は、回答全体では機械加工品（回答記入の合計件数62件の17.7%）、メッキ加工品（同14.5%）、プレス加工品（9.7%）などの順であった。電子・電気機械・同完成部品は電子部品加工とその他、そして輸送用機械・同完成部品ではメッキ加工品という回答が最も多かった。このように、利用強化に努めたい、さらには今後1～3年間に外注先として育成が必要な業種については、いずれも基盤的技術群が指摘されている。さらに、ベトナム民営企業を現在すでに外注先としてい

第1章 グローバリゼーションに直面するベトナム経済の課題

図表 1-17 主要な販売・輸出先

	①	②	③	④	⑤	⑥	⑦	⑧	⑨	⑩	⑪	⑫	⑬	計
3年前	18	16	3	1	5	1	3	0	1	0	0	7	0	55
現在	24	24	2	1	5	2	11	2	2	0	2	7	1	83
今後（1～3年後）	22	23	2	1	5	1	13	4	2	1	2	7	4	87

(注) ①日本、②ベトナム国内、③韓国、④台湾、⑤中国、⑥シンガポール、⑦タイ、⑧インドネシア、⑨マレーシア、⑩フィリピン、⑪インド、⑫欧米、⑬その他、複数回答。

る企業のみをピックアップし、それら企業が今後1～3年間に育成が必要だとする業種を調べると、ここでも機械加工品、メッキ加工品、プレス加工品などの回答が多かった。

主要な販売・輸出先については、3年前、現在、今後（1～3年後）を比較している。**図表 1-17** からはいくつかの特徴が明らかになっている。第一は、いずれの時期においても、①日本と②ベトナム国内が、それぞれこの間、32.7%、28.9%、25.3% そして 29.1%、28.9%、26.4% とおおよそ四分の一から3割強の比率を占めている。ベトナム日系進出企業の多くが日本への輸出拠点としてあるいはベトナムの国内市場獲得を目的に立地していることがわかる。第二に、ASEAN 地域の回答が大きく増えていることが示される。ちなみに、本表から ASEAN 各国を合計すると、5件（9.1%）、18件（21.7%）、25件（28.7%）と急増している。そして、ASEAN のなかでは、タイについての期待が非常に高い。第三として、⑤中国の記入件数が5件と変わりないものの、全体に占める相対的な比率は 9.1%、6.0%、5.7% と低下している。このように、進出企業の多くは、これまでと同様にそして今後も、日本とベトナム国内市場を販売・輸出先として重視しつつも、タイを中心とする ASEAN への傾斜も強めていくことが示されており、企業による国際的生産分業の進展を反映していると考えられる。

さらに、主要販売先については、次の**図表 1-18** にあるように、「同一資本グループ企業（在日本）」や「従来取引企業の日系企業」との回答が多い。やはり、同一資本ないし他社系列であれ、日本にある工場との国際分業の延長線上での進出形態であることがわかる。なお、進出後に新たな取引先の開拓された件数もけっこう多い。

図表 1-18　主要販売先

①	②	③	④	⑤	⑥	⑦	⑧	合計
25	33	21	14	4	3	3	6	109

(注)　①貴社の同一資本グループ企業（在日本）、②従来取引企業の日系企業、③当地で新規取引の始まった日系企業、④ベトナム資本企業（国有・民営）、⑤韓国系進出企業、⑥台湾系進出企業、⑦中国系進出企業、⑧その他。複数回答。

図表 1-19　近い将来（今後 1～3 年間）におけるベトナム工場の位置づけ変化

拡張する予定(今の生産・加工品の増産)	拡張する予定(新規の生産・加工品の開始)	変わらず	縮小・撤退の予定	わからない	合計
16 (29.6%)	26 (48.1%)	4 (7.4%)	1 (1.9%)	7 (13.0%)	54 (100.0%)

　さて、ベトナムに進出している日系の機械金属関連産業は当該工場を近い将来（今後 1～3 年間）にどのようにしていくのだろうか。その結果回答を示しているのが**図表 1-19** である。

　この結果によると、ベトナム進出を遂げた日系企業では拡張方針が明らかである。「拡張する予定（今の生産・加工品の増産）」が 16 社（29.6%）、「拡張する予定（新規の生産・加工品の開始）」は 26 社（48.1%）と、拡張方針が合計で 42 社となり進出企業の四分の三以上の 77.8% がこういった明快な判断を示している。しかも、拡張方針の内容については、生産・加工内容の単純な増産よりも、むしろ新たな生産・加工品に着手していくとの方針が示されていることに注目される。「わからない」との回答も 7 社見られたものの、「縮小・撤退の予定」はわずか 1 社にとどまった[20]。

　このようなベトナム工場の拡張方向は、既存工場からベトナムへの生産移転の方針からも見ることができる（**図表 1-20**）。日本からの生産移転件数と中国からの移転が同数で、中国での操業継続になんらかの不安や見直しの必

---

[20]　「縮小・撤退の予定」との判断を示しているのは、ヘッドフォン等の生産に従事する電子・電気機械・同完成部品製造業である。同社では、中国工場から一部の生産をベトナムに移管する予定であるものの、同時にベトナム工場からミャンマーへ現在の生産機能を移管するとのことである。中国やベトナムでの人件費高騰を反映した生産機能の漸次的移転である。ベトナムでの賃金上昇によることを理由とする他国への工場再移転は今のところ目立っては生じていない。

図表 1-20 他国からベトナム工場へ生産移管予定の有無（今後 1～3 年後）

日本	中国	タイ	インドネシア	マレーシア	予定なし	合計
14	14	6	2	1	14	51

図表 1-21 ベトナム工場から他国へ生産移管予定の有無（今後 1～3 年後）

日本	中国	タイ	インドネシア	マレーシア	インド	ミャンマー	カンボジア	予定なし	合計
3	2	1	3	1	1	1	1	30	43

(注) 選択肢にあった韓国、台湾、シンガポール、フィリピン、ラオス、欧米、その他についての回答は見られなかった。「予定なし」については、記入欄に回答が見られない場合にも、前後の記入状況から移管予定がないと判断される場合にはこれに含めて集計した。

要性を考えている企業の多いことがわかる。また、人件費の高騰もあって、タイからベトナムに移管される予定も 6 社が検討しており、ASEAN 内部での生産機能の調整も進められていくだろう。また、ベトナム工場から他国への移管予定は**図表 1-21** で示される。ベトナム工場から他国への移管予定はそれほど多くなく、しかも特定国への移管傾向は見られない。ここでは、インドネシアやミャンマー、カンボジアなど ASEAN 域内での再移管が窺えるものの、それについても件数としては少ない。

ただ、上記設問において、他の国からベトナムへの生産移管を予定すると同時に、ベトナムから他国への生産移管も検討している企業を抽出し、一括して表にまとめてみたのが**図表 1-22** である。ここからは、日本、中国、タイからベトナムへ生産の移管を進めながら、インドネシアなどの ASEAN 各国に移管予定はもちろんのこと、日本や中国にも再移管を進めていこうとする企業をかなり見ることができる。つまり、日本や中国からベトナムに生産の集約が一方的に進められているのではなく、特定の生産機能に関しては再び日本や中国に戻すことも検討しながら、同時に相対的に労働集約的な部分については ASEAN 諸国に生産機能を移転するなど、輻輳的に国際的生産分業が進展していくなかでベトナム工場の位置づけが示されている。さらに、本表だけからでは判断をつけにくいが、単純にベトナムなど海外工場の拡張だけではなく、日本の工場においても省力化投資などの先鋭設備を導入するなどして日本においても生産機能の高度化への対応が展望されているとの調査結果も見られた。

図表1-22　ベトナムをハブとする生産機能の移転状況

業種	主要生産品目	ベトナムへの生産移管元	ベトナムからの生産移管先
産業用機械	ヘッドフォン及びその部品製造	中国	ミャンマー
同	Fan Motor, DC Motor	中国	中国
同	オートマチックトランスミッション用油圧電磁弁、コントロール・バルブ、スプロール・バルブなど	日本	中国
同	太陽光発電配線ユニット、家電用製品のワイヤーハーネス	中国	カンボジア
輸送用機械	Speed Meter	タイ	インド
同	焼結ブレーキパッド	日本	日本
金型	プレス金型、レザーカット部品	中国	日本
プラスチック成形加工	自動車、バイク、家庭用電気ブレーカー、薬品・化粧品容器などのプラスチック部品	タイ	日本
その他	プラスチック成型	タイ	タイ
同	電線製造	中国	インドネシア
同	シュリンクラベル	タイ	インドネシア
同	建築用板ガラス	日本	マレーシア
同	ゴム部品の製造	中国	日本

(注)：産業用機械：産業用機械（工作機械、農業用機械、事務用機械、繊維機械等）・同完成部品、輸送用機械：輸送用機械・同完成部品。主要生産品目は記載のまま。

　ところで、ASEAN経済統合が2015年に実現予定である。ベトナムの場合、自動車部品等の一部品目では2018年とされているが、この2015年ASEAN域内関税の撤廃による、ベトナム製造業に対する影響はいかなるものであるのか。この点を検討しているのが**図表1-23**である。もっとも多い回答が③「ASEAN周辺諸国との分業関係の再構築が進むだろうが、当社にとってのマイナスの影響は部分的である」とするもので、約30％の回答割合である。ASEANによる関税撤廃によって域内での生産調整が進められるだろうとするものの、マイナス面での影響は予想されていない。他方で、⑤「むしろプラスの影響（生産面）」が13社で四分の一あまり、そして⑥「むしろプラスの影響（販売面）」が5社も見られることに着目される。⑤と⑥の合計で、18社になり35.3％にも及ぶ。2015年の影響は、ベトナムの製造業にマイナスの影響をもたらすと懸念されることが多いが、今回調査ではむしろ肯定的

図表1-23　2015年のASEAN経済統合完成による影響

①	②	③	④	⑤	⑥	⑦	合計
0	7	15	6	13	5	5	51
(0.0%)	(13.7%)	(29.4%)	(11.8%)	(25.5%)	(9.8%)	(9.8%)	(100.0%)

(注)　①「全体としては壊滅的な打撃を被る」、②「いくつかの産業では壊滅的な打撃を被る」、③「ASEAN周辺諸国との分業関係の再構築が進むだろうが、当社にとってのマイナスの影響は部分的である」、④「ほとんどない」、⑤「むしろプラスの影響（生産面）」、⑥「むしろプラスの影響（販売面）」、⑦「わからない」。

なプラスの影響を受けるだろうと考える企業の多いことが明らかになった。ちなみに、輸送用機械・同完成部品だけに限ってみても、②「いくつかの産業では壊滅的な打撃を被る」、③「ASEAN周辺諸国との分業関係の再構築が進むだろうとする企業の合計は6社であるが、逆に⑤と⑥の合計も3社見られるなど、必ずしも悲観的な受け取り方一辺倒ではなかった。

4　おわりに

　ベトナムは2020年での工業国入りを国家目標とし、そのための有力な手立ての一つとして日本など諸外国からの資本導入に積極的である。今後はベトナムが外資主導型の経済発展をいかに自生的かつ自律的なプロセスに転換できるかが問題となる。そのために、ベトナム地場企業の自立的育成（形成）に向けた道筋が問われなければならない。日本の製造業などでは、チャイナ・プラス・ワン戦略も念頭において、ベトナム各地での製造機能の設置・拡充に努めている企業も多い。しかしながら、ベトナムでは、上述のように、民営を中心とする地場企業が育ちつつあるとはいえ、製造業分野でのサポーティング・インダストリーの形成・集積がまだまだ不十分である。進出している日系企業の側では必要な資材や部品などについての現地調達が困難であるという問題を抱えている。

　本章においては、進出日系機械金属関連製造業ではアンケート調査の結果からも窺われるように、現地での外注関係が緩やかではあるが着実に拡がりつつあることを示した。とはいえ、その集積は日本企業が求める水準には質量とも未だ到達していない。2015年に完成が展望されるASEAN経済共同体

のもとで、アジア大での分業構造の再編が急速に進んでいくものと予想されるが、現状では未だ大きなうねりになるには至っていない。それでも、「メコン経済圏」形成への萌芽が、現地に進出している日系製造業の国際生産分業関係の深化プロセスからも表出しつつある。

第 2 章　ベトナム北部での進出日系企業の存立形態とローカル中小企業の勃興

1　はじめに

ドイモイ以来、ベトナムはかなり順調な経済発展を辿ってきたと言える。マッキンゼーのレポートによると[1]、直近の四半世紀でベトナムはアジアのなかで最大のサクセス・ストリーを記録する国の一つとなった。1986 年以降、1 人あたりの GDP が年率で 5.3% の増加を続けているし、製造業は 2005 年から 2010 年にかけて同じく 9%以上の成長を記録している。

2010 年での産業構造を中国、インドと比較すると（**図表 2-1**）、ベトナムは農業が 20% をやや上回っているものの、製造業やサービス産業のシェアが 4 割前後と比較的に釣り合いがとれている。そして、**図表 2-2** からも、製造業、卸小売業そして農業・林業・漁業の三つセクターで、GDP ならびに生産性の伸びの大きいことが示されている。

ただ、ベトナムの輸出構造が他の ASEAN 諸国と比べると、依然として低付加価値製品の占める比率の高いことがわかる。そのことは、**図表 2-3** に見られるように、ベトナムが世界の輸出市場で競争力の強い製品──例えば、履物や家具、繊維類など──は輸出金額の小さいことで明らかになっている。

そこで、このマッキンゼーの報告書では、ベトナムが持続的な成長を続けるために次の四つの行動指針（アジェンダ）を提起している[2]。すなわち、第一はマクロ経済金融セクターの安定性確保、第二は生産性と成長の強化、第

---

[1] Marco Breu, Richard Dobbs, Jaana Remes, David Skilling and Jinwook Kim, *Sustaining Vietnam's growth : The productivity challenge*, McKinsey Global Institute, February 2012, p.1.
[2] *Ibid.*, pp.25-43.

図表2-1　ベトナム・中国・インドの産業構造比較（2010年、GDP比、%）

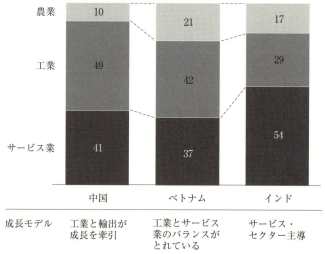

（出所）Marco Breu, Richard Dobbs, Jaana Remes, David Skilling and Jinwook Kim, *Sustaining Vietnam's growth : The productivity challenge*, McKinsey Global Institute, February 2012, p.13.

図表2-2　ベトナムの産業構造（実質GDP、生産性の伸び率）

	GDP		生産性	
	実質、2010年[1] 1兆ドン	2005〜2010 年の年平均 成長率[2]、%	実質、2010年、 100万ドン、 1人当たり	2005〜2010 年の年平均 成長率、%
農業・林業・漁業	91	3.3	3.8	3.8
鉱業・採石	22	-0.9	55.6	-3.5
製造業	139	9.3	19.7	3.1
電力・ガス・給水	18	9.9	68.0	-1.6
建設	52	8.7	17.2	0.1
卸小売業	94	8.0	17.1	3.9
ホテル・レストラン	21	8.9	12.1	-8.8
運送・倉庫・通信	25	10.1	20.1	7.7
金融	13	8.8	51.1	-2.2
不動産	20	3.6	67.1	-8.8
公務・防衛	15	7.4	8.0	3.1
教育・訓練	19	7.7	11.4	-0.4
健康・社会事業	8	7.5	19.9	3.0
社会サービス・個人サービス・家事	15	7.0	10.7	-1.6

1　1994年固定価格：ベトナム標準産業分類2007に基づく。
2　同時期でのGDP全体の年平均成長率は7.0%。
3　過去5年間で労働人口が最も増えた2つのセクターはホテル・レストラン（108%）と不動産（433%）である。
（出所）*Ibid*.

図表 2-3　ベトナムの輸出パフォーマンス（2005-2010 年）

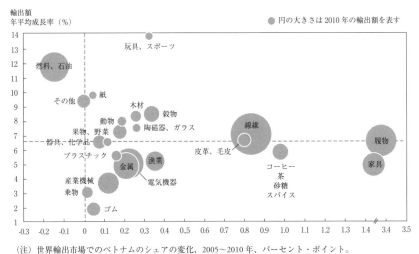

（注）世界輸出市場でのベトナムのシェアの変化、2005～2010 年、パーセント・ポイント。
（出所）Ibid., p.16.

三は生産性と成長を向上させるためにふさわしくて明確な政策の創出、そして第四は政府の経済的役割の改革実行と実効性の担保である。

さらに、2013 年に発表された政府文書でも、ベトナム工業発展の現状を次の 5 点にまとめている[3]。すなわち、

① 工業は GDP の成長に大きく貢献しているが、主に付加価値の低い加工製造業によるもの。
② 製造業は輸出への貢献を高めてきたが、主な収入は第一次産品、簡易製造加工及び組立によるもの。
③ 工業生産高と輸出総額で高い比重を占めている製造業は大半が最終製品の生産業種である一方、多くの資本を必要とする中流・上流の工業発展は不十分。
④ 外国直接投資は製造業の成長に大きく貢献してきたが、それは主に、

---

3) 計画投資省『プロポーザル　越日協力の枠組みにおける 2020 年に向けたベトナム工業化戦略及び 2030 年へのヴィジョン（仮訳）』2013 年を参照。

ベトナムが依然として比較優位を持ち、また域内サプライチェーンの変化動向から利を得ているいくつかの下流産業に集中。
⑤ ベトナムの工業構造には環境・省エネ工業が欠如。

この政府文書の述べるところでは、先のマッキンゼー・レポートの説明とそのほとんどが重なるものの、上での③に見られるように、産業連関上での中流・上流域と下流域産業とのリンケージを論じている。そのうえで、本政府文書は的を絞った産業政策の必要性を強調したものとなっている。すなわち、総花的なものではなくて、選択的かつ積極的な政策をつくることの重要性を指摘し、そのうえでベトナムを2020年までに近代的な工業国とすべく努力を重ねていかなければならないとする。

本書では、ベトナムの経済発展戦略の道筋についてそれを詳しく論じてはいない。ただ、われわれは、ベトナムがあくまでもものづくり立国を基本とするのであれば、将来的にたとえリーディング産業の交替があろうとも、基盤的技術群の重要性はそれほど大きく変わるものではないことを改めて強調しておきたい。ここにおいては、基盤的技術分野を担う日本からの製造業分野での中小企業投資が重要である。着実な雇用創出と技術移転を生むのは装置産業型大規模投資もさることながら、むしろこういった中小企業投資によるところの貢献も大きい。ベトナムにおいて今後育成がますます必要になってくるのは、リーディング産業がどのようなものになろうとも、その産業基盤の底辺を形成することになる基盤的技術分野の中小企業ということになるのでないか。近年のベトナム北部では、日系企業が求める品質レベルで基盤的技術企業が緩やかながらも成長しつつある。ベトナムではここにきてようやく中小企業の成長の兆しを感じ取ることができるようになった。ただ、地場ローカル企業に対する精力的な支援や産業人材育成の試みにも関わらず、ベトナムでの裾野産業育成はまだまだ不十分であり、裾野産業が自律的に成長してきているとはなかなか言いづらいのが現状である。

ASEANの他の国々に対するものづくりの面におけるベトナムの比較優位

についてはおおよそ次のようにまとめることができよう。まず、労働市場の比較優位（若年労働人口が多く、タイと比べれば賃金水準が相対的に低い）と国民の日本的ものづくりに対する親和性の高さである。この後の点については、他の国々よりも、日本の中小企業経営者にとってはすこぶる魅力的であると言えよう。

　日本の対越投資では、近年、ベトナム北部に機械金属系の大企業のみならず中小製造業が、そして南部には中小製造業はもとより商業・サービス業投資が増えつつある。こういった日系をはじめとする外国資本系の進出企業との取引強化を通じて、ベトナムのローカル企業も少しずつとはいえ次第に育ちつつある。さらに、ベトナムには長い海岸線と広大な高原地帯がある。このような地域で豊かな水産資源や高付加価値農産物の開発が今後いっそう積極的に取り組まれる必要がある。ただ、この最後の点に関して本書ではこれ以上言及しない。

　ベトナムの地政学的優位に関しては、なによりその地理上の位置が中国とメコン諸国・ASEAN諸国との結節点にあること、さらに陸のASEANと海のASEAN諸国との境界にあることが特徴的であろう。インドシナ半島での物流網の今後の整備いかんではタイとの綱引きで日本などから外資系企業をさらに引き付ける可能性が、あるいは逆に流出する恐れも存在する。

　さらに、世界貿易で今日主流となっているFTAやEPAなどの枠組みに関しても、ベトナムには優位性がある。TPP（環太平洋パートナーシップ協定）の交渉にベトナム政府は参加してきたし、またACFTA（ASEAN・中国間のFTA）やEUとのFTA（2015年8月に大筋合意発表）への参加もベトナムに経済的利益を与えるものと予想される。すなわち、ベトナム立地企業はASEAN域内企業はもとより、日本、中国そしてEU諸国などに関税なしで輸出ができるようになるからである。

2　北部に集中する機械金属系の日系企業

　ドイモイへの政策転換ののち、ベトナムは市場経済の活用を進めつつ、外

図表 2-4　日系機械金属関連業種のベトナムへの進出状況（設立年と操業年の合計）

	電気機器	輸送機器	化学	機械	金属製品	精密機器	ゴム製品	ガラス・土石	その他	計
1992〜1999	(4)(9)	(7)(7)	(2)(12)	(1)(1)	(3)(13)	(1)(1)	(1)(0)	(1)(0)	(7)(11)	(27)(54)
2000〜2004	(5)(1)	(5)(2)	(3)(4)	(3)(0)	(3)(3)	(0)(0)	(0)(1)	(3)(0)	(11)(1)	(33)(12)
2005〜2009	(24)(9)	(15)(2)	(10)(11)	(6)(2)	(21)(3)	(0)(0)	(2)(0)	(0)(0)	(8)(8)	(86)(43)
2010〜2015	(12)(5)	(13)(4)	(5)(5)	(1)(6)	(14)(15)	(1)(1)	(6)(1)	(2)(0)	(6)(24)	(60)(55)
合計	(45)(24)	(40)(15)	(20)(32)	(11)(9)	(41)(34)	(2)(4)	(9)(2)	(6)(0)	(32)(44)	(206)(164)

注：各期での前（左側）の数字が北部計、後ろ（右側）の数字が南部計。
（出所）東洋経済新報社『海外進出企業総覧　国別編　2015年』の掲載データから筆者が抽出し作成したもの。

国直接投資の積極的導入による工業化路線に邁進している。地域別にみると、ベトナム南部はベトナム戦争中にアメリカの強い影響下にあったため、軍事的要請もあって、道路や電力などの産業インフラが一定程度整っていた。したがって市場経済への親和性も高く、日本からの直接投資も2000年までは南部に集中していた。しかしながら、2001年以降は北部向け直接投資も増加が目立つに至る。また、その後の件数でも北部、南部ともほぼ同じくらいの数で推移している。

　ベトナム北部への直接投資は2001年でのキャノン、住友ベークライト、デンソーなどをはじめとして、当初は大企業によるものが多かった。東洋経済新報社の『海外進出企業総覧　2010年』のデータに基づくと、ベトナム北部進出日系企業の7割弱が製造業であり、業種別内訳では電気機器が28.1%、輸送機器18.2%などとなっている。

　ジェトロが調べたところによれば、2013年のベトナム工業生産額は合計で2,600億ドルに上る。ホーチミン市（17.0%）、南東地域（27.4%）、メコンデルタ（9.3%）からなる南部が53.6%、そしてハノイ市（7.7%）、紅河デルタ（21.7%）、北部丘陵・山岳地帯（2.7%）から構成される北部ベトナムは32.1%である。

　国際協力銀行の実施した企業ヒアリングでは、日系製造業のベトナム北部への進出理由については、次の三つにまとめられる。(1) 中国華南地方との

第 2 章　ベトナム北部での進出日系企業の存立形態とローカル中小企業の勃興

図表 2-5　ベトナム北中部での日系製造業・関連商社サプライヤーの企業数

プレス加工		樹脂成型		ゴム成型		機械加工	打ち抜き		鋳鍛造		溶接	表面処理			熱処理	組立	電気・電子部品	電気制御	建設資材	材料	梱包・包装	商社	その他
加工品	金型	成型品	金型	成型品	金型	精密	精密	ダイカスト	鋳造	鍛造		めっき	塗装	プリント									
3	1	7	5	3	1	9	2	1	1	5	3	1	1	2	22	5	1	4	4	3	6	3	

（出所）ジェトロ・ハノイ事務所『ベトナム北中部日系製造業・関連商社サプライヤーダイレクトリー』2014 年 7 月の掲載表より作成した。

分業を視野に入れたもの、(2) 割安な人件費を求めたもの、そして (3) 大手メーカー（納入先）への近接性である[4]。

　日本企業のベトナム進出について、『海外進出企業総覧　2015 年』の掲載データから機械金属関連業種を抽出し、ベトナムの北部と南部にわけてその進出件数をまとめて作成したのが**図表 2-4** である。

　本表では、設立年もしくは操業年を抽出し、それらを区別することなく合計件数を記載していること、くわえて『海外進出企業総覧』に掲載されているデータそのものが悉皆調査に基づくものでないことに注意が必要である。したがって、本表での数字そのものにはそれほどの意味はないものの、それでもベトナムの北部と南部に進出する日本企業のおおまかな進出傾向が示される。これによると、1992 年から 2015 年にかけての日系機械金属関連業種の進出先は全体としては北部地域のほうで件数が多い。ちなみに、合計欄では北部で 206 件、南部では 164 件であった。そして、1992〜1999 年の早い時期でこそ南部への進出件数が北部を倍のペースで上回っていたものの、2000 年以降になると北部が南部を上回る傾向が明白となっている。そのことは電気機器や輸送機器の業種別にみても明らかである。

4）国際協力銀行『ベトナムの投資環境』2013 年、149〜150 ページ。

さらに、ジェトロ・ハノイは、在ベトナム日系企業では依然として日系企業からの現地調達が重要であるとし、2014 年 7 月に初めて在ベトナム日系サプライヤー調査を行った。この調査報告書には日系サプライヤー 51 社の会社概要にくわえて、加工・製品内容、主要機械・装置が掲載されている（**図表 2-5**）[5]。本ダイレクトリーに掲載された 51 社のうち製造業は 42 社である。また、未掲載の日系企業も多いと最初に断っている）。

　ここからは、ベトナム北中部での日系製造業・関連商社サプライヤーの業務内容としては基礎的技術群の一通りが揃っていることが示される。ただ、組み立てが圧倒的に多くて、その他の製造業では精密機械加工、樹脂成型品、樹脂成型用金型、溶接、電気・電子部品などが比較的に多い。また、地域別にみると、ハノイのほかでは、ハノイからハイフォンをつなぐ国道 5 号線沿いのバクニン、ハイフォン、ハイズオン、フンイェンでのこれら企業の立地が目立っている。

3　ベトナム北部での機械金属系日系製造企業の存立形態

　ベトナム北部に立地する機械金属系日系製造企業の国際生産分業上での位置付けに関しては、池部が指摘するように、中国の広東省や広西チワン族自治区にある企業との取引関係の強化にこれからも一定の可能性があると考えられる[6]。ただ、南シナ海のパラセル（西沙）、スプラトリー（南沙）諸島の領有権をめぐる越中間での政治関係の緊張激化や 2015 年・18 年での ASEAN 統合深化による影響、そしてインドシナ半島での道路網等インフラ整備の進捗状況しだいでは、バンコクやその他諸国・地域との国際的生産分業関係緊密化の可能性がないとは言えない。ただ、バンコクや他の ASEAN 諸国・地域との取引ではそれに要する距離や時間などの点を考慮すれば、隣接する中

5）ジェトロ・ハノイ『ベトナム北中部日系製造業・貿易商社サプライヤーダイレクトリー』2014 年参照。
6）池部　亮『東アジアの国際分業と「華越経済圏」――広東省とベトナムの生産ネットワーク』新評論、2013 年参照。

国との分業緊密化の可能性も大きいことも指摘できる。

　ベトナム北部では上のように国際的生産分業の展望に関する不透明さが見られるものの、この地に多数進出する日系製造業の中小部品メーカーや加工メーカーでは、北部のみならず南部に所在する日系組立企業はもちろんのこと、サプライヤーなどとの取引関係も強化し続けている。そして、ベトナム北部へ進出する日系中小企業では日系の進出大手組立企業や大手サプライヤーとのベトナム国内取引や日本などへの輸出向け生産が今のところはほとんどで、これら進出日系大手組立企業や大手サプライヤーをバイパスして、一足飛びに上述の中国企業などとの取引を進めている日系中小企業を寡聞にして知らない。ただ、ヒアリング調査を行ったところ、ベトナムのローカル企業や日系の加工型中小企業の数社で調達コストを引き下げるために彼らとの関係強化を図ろうとする動きもみられた。

　本節では、ベトナム北部に立地する日系機械金属系企業の存立形態について、前章での記述とも一部重なるのであるが、それをとくに生産機能上の観点から論述していくことにしよう。

　　＊ここでの説明は、2013年6～7月に筆者が行ったアンケート調査の結果に基づいている（「ベトナムにおける日系進出企業（機械金属関連製造業）の国際分業・生産体制に関する調査」、本書巻末に掲載）。アンケート発送総数299通、有効回答53通。回収分の地域別内訳はベトナム北部37、中部なし、南部16で、ベトナム北部からの回答が7割を占める。したがって、本章ではこの調査結果をもって、近似的ではあるが、ベトナム北部での進出日系機械金属系企業の事業概況を示すものと捉えている。

　使用素材は輸入品が大半を占める。輸入先は日本からがもっとも多く、ついで中国、タイなどである。他方、市販部品は現地調達が進んでいる。調達先としてはベトナム民営企業がもっとも多く、日系、台湾系の進出企業が次ぐ。ベトナム企業からの調達品には、金属関連部品やプラスチック成形品が部分的に見られるものの、段ボール箱・ラッピングテープ等の包装資材、発泡スチロール、ビニール袋やプラスチック袋、軍手などの作業用手袋、事務用品

等々がほとんどで、製品・商品そのものの機能に直接関わるものは含まれない。

　外注工場の活用については、進出企業の3年前ではおよそ4割に留まっていたのが現在では6割に高まっている[7]。外注工場の国籍別に3年前と現在とを比べてみると、ベトナム民営企業と日系進出企業とを活用している、またはその活用を進めようとする様子が示される。そのことは、コストなどの点から日系企業への依存度を減らしつつ、ベトナム民営企業をQCDの面から慎重に見極めつつ利用していこうとする企業行動を反映している。また、今後1～3年間に育成が必要な業種は、機械加工品、メッキ加工品、プレス加工品などである。今後1～3年間に外注先として育成が必要な業種は、いずれも基盤的技術群が指摘される。

　主要な販売・輸出先について、3年前、現在、今後（1～3年後）を比較すると、これまでと同様に今後も、日本とベトナム国内市場を重視しつつも、タイを中心とするASEAN各国への傾斜を強めている。さらに、進出日系企業は当該工場を今後1～3年間にどのようにしていくのだろうか。これによると、拡張予定との回答が多い。単なる増産よりも、むしろ新たな生産・加工品に着手していくとの方針が示されている。このような拡張方向は、既存工場からベトナムへの生産移管方針からも見ることができる。日本と中国からの生産移転を考える件数が同数で、中国での操業継続になんらかの不安や見直しの必要性を考えている企業が多い。また、人件費高騰もあり、タイからベトナムへの移管予定が見られ、ASEAN域内での生産機能の立地調整が進められていくだろう。ただ、他国からベトナムへの生産移管を予定すると同時に、ベトナムから他国への生産移管を検討している企業も見られる。日本、中国、タイからベトナムへ生産移管を進めながら、インドネシアなどのASEAN各国へはもちろんのこと、日本や中国にも再移管を進めていこうとする企業がかなり見られる。つまり、日本や中国からベトナムに生産集約が一方的に進められているのではなく、特定の生産機能に関しては再び日本や

7）ここでの回答には、現在では稼働しているが3年前にはまだ操業していなかった企業が含まれていることに注意する必要がある。

中国に戻すことも検討しながらも、さらに労働集約的な工程については ASEAN 諸国の他地域に生産機能を再移転するなど、重層的かつ輻輳した国際的生産分業の再編が進展している。

ところで、ASEAN 経済統合が 2015 年・18 年に実現予定である。ベトナムの場合、自動車部品等の一部品目では 2018 年とされているが、2015 年 ASEAN 域内関税の撤廃によるベトナム製造業に対する影響はいかなるものであるのか。「ASEAN 周辺諸国との分業関係の再構築が進むだろうが、当社にとってのマイナスの影響は部分的である」との回答が多いものの、他方で、「むしろプラスの影響」もかなり見られる。2015 年の影響は、ベトナムの製造業にマイナスの影響をもたらすと懸念されることも多いが、本調査ではむしろ肯定的なプラスの影響を受けるだろうと考える企業が多かった。

4　ASEAN 立地を活用する日系進出中小企業

ベトナムの北部では、先述してきたように、バイク組立企業や家電及び事務用機器メーカーを頂点とするサプライチェーンがある程度までは築かれており、それらの裾野産業分野を担う基礎的技術群も一通りが揃っている。ただし、産業集積の厚みという点で言えば、日本など東アジア諸国に比べると及ぶべくもないし、タイとも比べようないのが現実である。

本節では、ASEAN 立地を活用するベトナム北部での機械金属関連の日系進出中小企業の事例を中心に紹介してみたい（以下の4社の事例のうち、2番目の事例のみ大企業である）。

【急増する金型需要に同業者間での連携を進めながら対応を図りつつ、ベトナムでは大幅な設備増強投資を行うとともに、フィリピンでの工場新設によりいっそうの国際分業深化を展望】

群馬県に親会社のあるベトナム立地プラスチック成型加工用金型専業メーカーは、金型の設計・開発から製造、アフターサービスまでの業務をこなしている。ベトナム工場は年間で 150〜200 の新しい金型を製作しているもの

の、ベトナムではローカルの金型メーカーがおよそ27社しか存在していないために、ベトナム国内で沸騰する金型需要をこなしきれない（2013年でのベトナム法人面談[8]）。ベトナム国内のみならず、とりわけタイでの金型市場が急拡大している。このようなASEAN域内で急増する金型需要の獲得を目指して、当社は同業者間での連携強化（日越金型クラブの発足）を進めている。さらに、ベトナム工場では2014年に3億円の新規設備増強投資を行うとともに、2015年にはフィリピンでも金型工場を設立し、ベトナム工場との相互間ネットワークを構築することにより、ASEAN統合にともなう金型需要拡大に対応しようとしている。

【日本・タイで設計・開発をすすめ、ベトナムではコストパフォーマンスを重視。したがって、ローカル企業の発掘・育成が課題】

　日本の親会社は世界11カ国に現地法人26社を抱えるグローバル企業であり（従業員数は単独が1,714名、連結では13,642名に上る〈2015年3月31日現在〉）、アジアではタイ3、インド2、そしてインドネシア、ベトナム、台湾にそれぞれ1法人がある。この親会社の売上額（連結）の75%が自動車や二輪用の計器類である。

　ベトナム法人では、販売額でみて9割以上がバイクの主要組立メーカー向けである。ホンダ・ベトナムのバイク用スピード・メーターの99％以上が当社製である（2014年でのベトナム法人面談記録より）。OEMメーカーの当社は、ホンダやヤマハとの共同開発をすすめ、開発時点よりデザイン・インを行っている。すなわち、客先からのコンセプトの提示を受けて、当社が構造設計を行い、設計図の承認を受けてのち、生産に着手する。設計・開発は基本的には日本とタイの現地法人で行われる。そのうえで、ベトナムの当社に求められるのは、構造、材料、見栄え、色遣いの提案であるが、基本的には品質の良いものを生産性良く、低コストで、納期通りに必要なだけ生産する

---

8) この27社はあくまで同社現地法人社長（当時）が把握している金型関連としての企業数であり、正確な数字ではないかもしれない。また、ベトナム国有企業のなかで内作しているケースがどの程度あるのかも不明とのことである。

ことにある。

　ベトナム工場の外注先は約 30 社と多い。その半分はベトナムのローカル地場企業であり、残りは日系と台湾系である。ただ、ここで注意が必要なのは、日系のベンダー事情がタイやインドネシアと大きく異なることである。すなわち、タイやインドネシアでは主要顧客のコスト上のライバルがヤマハであるが、ここベトナムにおいてはヤマハのみならず、中国や台湾のメーカーとも競争しなければならない。ベトナムで日本からの輸入品や進出日系企業製の部品を使えばコストパフォーマンスが悪くなる。したがって、当社では外観等の一部非機能部品（機能に直接関係しない部品）については、品質やマネジメントの指導を行ったうえで、できるだけローカル企業から調達したいとしている。なお、現在の現地調達率は内製と国内調達を合わせて 50 数％に留まる。

【進出日系自動車メーカーよりタイからの調達部品にサブセンブルを求められるも、付加価値が低いために仕事を辞退しているプレス金型メーカー】
　ベトナムではバイク部品向けのプレス金型製作でほぼ100％という金型メーカーは、現在の社員数が 13 名（社長を含む）という小企業である。当社は 2011 年 11 月より開業しているが、この地への進出理由について、ベトナム北部にはヤマハやホンダというバイク関連のビジネス・チャンスがあるかもしれないと考えたこと、現在のベトナム法人社長が北部事情に詳しいこと、そして優秀なベトナム人研修生の故郷がハノイ郊外であったこと、さらに自動車関連の仕事も獲得したいとの希望もあったという（2013 年でのベトナム法人面談）。

　ベトナム国内での日系自動車メーカーのプレス金型調達は、基本的にはベトナム国内からではなくてタイからになるという。とはいえ、そのような調達行動ではベトナムでの自動車メーカーの現調率が向上しない。そこで自動車メーカーは当社に対して、タイから輸送されてきた単体プレス部品に溶接を施すサブアセンブルを求めてきた。とはいえ、このような溶接賃加工では当社としては商売にならず、また溶接を施したサブアセンブル部品では運搬

時に嵩張るので"空気を運ぶようなもの"であって付加価値が低いために、このような仕事は引き受けていない。

構図としてはタイ・プラス・ワンの事業展開になるのだが、ベトナム所在日系中小企業が低付加価値工程の受注獲得には必ずしも満足しない事例である。

【唯一の高周波熱処理専業メーカーとしての特徴を活かし、タイの自動車部品市場を獲得。また、ベトナム企業や進出台湾中小企業との間で仲間取引を展開】

一方、日本企業のタイ・プラス・ワン戦略をビジネス・チャンスととらえ、その動きに積極的に応えようとしている熱処理メーカーがある。

2011年9月より本格的稼働を開始した当社は、ヒアリング当時（2012年ベトナム法人面談）は操業間もないこともあってヤマハのサプライヤーからバイク部品であるカムシャフトの熱処理のみを受注するに留まっていた。ただ、ヒアリングの翌月には月産5万4千個の量産受注が確保できている。当社の強みは、熱処理技術のなかでも、ベトナムではただ1社しかない高周波熱処理の専業であることによる。したがって、"仕事は一気に増える見込み"で、2012年年末にはドライバーシャフトなど自動車部品に高周波熱処理を施したうえで月間1万5千個というボリュームでタイへ輸出される。

さらに注目されるのは、この日系中小企業がローカルのベトナム企業や進出台湾系中小企業との間で仲間取引を行っていることである。当社が高周波熱処理を専門とし、浸炭焼き入れや真空焼き入れの設備がないことのために、これらの熱処理に関しては近隣のこれら中小企業に外注し、熱処理加工の最終的な品質保証を当社が行ったうえで出荷している点である。つまり、ここでは柔軟な仲間取引ネットワークが存在しており、このことがタイ・プラス・ワンへの動きを当社のビジネス・チャンスととらえることのできる背景にあると思われる。

これらのベトナム進出日系中小企業の動きをみると、いずれもベトナム工場の位置付けをベトナム国内のなかだけに留めおいて考えていないことに気

付く。どの事例も、タイやインドネシア、フィリピンなどASEAN各国での生産拠点や受注先企業との地域間・工程間・付加価値間での生産分業を積極的に進めながら、縦横無尽のサプライチェーンがベトナム北部において構築されているのが示される。そのことは、ベトナムが日本などからの製造業直接投資の受け皿としての役割を積極的に担ってきたことにより、ASEANものづくり機能のなかでのベトナムのハブ機能が小さいながらも向上してきたことを示す。

　ベトナムに進出している日系中小企業の日本人幹部に面談すると、ベトナムでのものづくりが日本のものづくりと親和性・補完性・一体性の高いことを強調する場面に出くわすことが多い。ベトナム人の性格・考え方や学習意欲の高さに"惚れ込んでいる"経営者の数多いことがその理由である。

5　勃興するベトナムの地場ローカル企業

　それでは、ベトナムには進出日系製造企業の外注先となりうるローカル中小企業がどの程度存在するのであろうか。ベトナムで中小企業数を把握するのはかなりの困難がつきまとう。ベトナム中小企業白書2014年版より、2012年の数字を見ると、企業数全体（約33万3千社）のなかで、マイクロ企業、小企業、中企業の合計でおよそ32万5千社と全体の97.5％を占める（本書第3章を参照してほしい）。主要地域ごとに企業数の推移をみると、南東地域、紅河デルタそして北中部・中部沿岸地域に企業が集中しており、その集中傾向は年とともに加速化している。

　ところで、ベトナム工業化への道筋について、2013年に公表されたベトナム政府の文書では、越日協力の枠組みのなかで、その発展モデルをこれまでの広範型から深化型へ移行させることの重要性を強調している[9]。
　あらためて述べるまでもなく、これまでのベトナムの工業発展が諸外国か

9）計画投資省、前掲、1ページ参照。

らの直接投資導入により一定の成果がもたらされていることは間違いのない事実である。そして、ASEANなどでの経済統合が進むなかにおいて、近年ではタイなどが外資導入政策の見直し等を進めることにより、誘致対象とする業種や当該企業の機能についてそれを従前の総花的対応から投資優遇策を重点分野に絞って行うなどの対応に切り替えている（例えば「日本経済新聞」2015年9月25日付）。

このような状況下において、この政府文書では2020年までにベトナムが具体的行動をすすめる6つの業種（農水産品加工産業、農業機械産業、電子産業、造船産業、自動車・自動車部品産業、環境・省エネ産業）を選定している[10]。そして、2020年から2030年までは、下流・中流産業（最終製品製造ならびに部品製造）と上流産業（石油化学、鉄鋼、電力、ガス、エネルギー等）やサービス産業との間でのリンケージ強化に努めるべきという。これによって、下流産業の国際競争力が高まり、「深化型の発展モデル」の実現が期待できるとする[11]。

本章では、ベトナムの経済発展戦略そのものについて、すなわち「深化型の発展モデル」の是非をここで直接に議論しようとするものではない。ただ、われわれは、ベトナムがあくまでもものづくり立国を基本とし、そこにあっては「技術の集積構造」を前提に考えるとすると、たとえリーディング産業の交替があろうとも、基盤的技術群の重要性は大きく変わるものではないことの意味を今一度再確認すべきだろう[12]。ここにおいてもやはり、基盤的技術分野を担う日本からの製造業分野での中小企業投資誘致の重要性をいくら強調してもしすぎることはない。上流での装置産業型大規模投資が重要であることは明白であるが、ただそのことをもってしても、「中流域」での部品中小企業や加工中小企業の投資誘致はこれからも一層の重要性を増すことは疑いない。着実な雇用創出と技術移転を生むのは装置産業型大規模投資もさ

---

10) 計画投資省、前掲、11～12ページ。
11) 同上、14ページ。
12) 関　満博『フルセット型産業構造を超えて——東アジア新時代のなかの日本産業』中公新書、1993年を参照。

ることながら、むしろこういった中小企業投資によるところも大きい。その一つ一つのもたらす規模と知名度は「上流域」での大規模な開発案件にはるかに及ぶべくもないが、日系中小製造企業のベトナム・ローカル企業との取引関係の強化を通じて、それはまさしく市場取引を媒介して、ローカル企業の側での QCD が飛躍的に向上する。そして、その積み重ねによってベトナム企業が競争力強化を進めていくことにより、彼ら自身の力によって経済グローバル化の荒波を乗り越えていくしかない。

アジアでの産業発展の道筋が、これまでのキャッチアップ型工業化を中心としたものから[13]、今後もそのようなキャッチアップ型経済発展が主たる潮流であることに変わりがないとしても、例えば固定電話の定着がないところでの携帯電話の普及などに見られるように、「圧縮型」ないし「蛙飛び」発展の経路にも備えておく必要がある。とすれば、ベトナムにおいて今後育成がますます必要になってくるのは、リーディング産業がどのようなものになろうとも、その産業基盤の底辺を形成することになる基盤的技術分野の中小企業ということになるのでないか。基盤的技術分野を担う部品や加工などの中小企業群の産業集積の厚みの充実とグローバル事業展開を図る IT 産業の振興は、例えば台湾での EMS 事業の開拓などを通じて経済発展の契機をもたらした。

近年のベトナム北部では、日系企業が求める品質レベルで金型産業が緩やかながらも成長しつつある。ベトナムではかねてより金型産業の育成には有利な環境にあると指摘されてきたが、ここにきてようやく成長の兆しを感じ取ることができるようになった[14]。とはいえ、ベトナムでの基盤的技術分野の中小企業がおしなべて今なお依然として低い水準に留まっていることは否めない事実である。ここでは、近畿経済産業局が、鋳造、ダイキャスト、鍛

---

13) 末廣　昭『キャッチアップ型工業化論——アジア経済の軌跡と展望』名古屋大学出版会、2000 年および同『新興アジア経済論——キャッチアップを超えて』岩波書店、2014 年。
14) 前田啓一「ベトナム中小企業政策の現況と北部での基盤的技術分野の勃興について」『地域と社会』大阪商業大学比較地域研究所、第 17 号、2014 年 10 月〈本書第 4 章に収録〉、33〜37 ページを参照。

図表2-6 ベトナムでの金型技術の評価

大分類	技術項目	技術レベル	技術評価	ベトナム日系企業ニーズ
プレス	順送型	B	1970年代	あり
	トランスファー型	B		あり
樹脂成形	二色成形	B	1970年代	あり
	FRP成形	B		あり
	圧空成形	B		あり
	回転/スラッシュ/ディップ成形	B		あり
	薄肉成形	B		あり
	発泡成形	BC		あり
	アウトサート成形	C		あり
	インサート成形	C		あり
	真空成形	C		あり
ゴム成形	コンプレッション成形	C		あり
	インジェクション成形（射出成型）	C		あり
	トランスファー成形	C		あり

（出所）株式会社ブレインワークスの作成になるもの（近畿経済産業局（2013）『平成24年度　中小企業のベトナム展開のための現地ワンストップサービスの整備及び裾野産業支援等に向けた調査研究』、14ページより転載）。

造、プレス、プレス金型、プラスチック金型、熱処理の7技術分野について、日本の技術レベルを基準とした評価をまとめた報告書から、紙幅の関係上、金型についての説明のみを紹介しておこう[15]。

　本報告書では、ベトナムでの金型に関わる技術について、それを次のように言及している。

　……金型に係る技術においては、樹脂成型、ゴム成形、プレスの分野にニーズがある。樹脂成型の一部や、ゴム成形の金型は、ローカル企業でも対応し始めているが、プレスや精密な樹脂成型金型については、外資系企業が対応している。

　ここでは本報告書より、技術項目、技術レベル、技術評価、ベトナムでの

---

15) 近畿経済産業局『平成24年度　中小企業のベトナム展開のための現地ワンストップサービスの整備及び裾野産業支援等に向けた調査研究』2013年、12～14ページを参照。

日系企業のニーズをそれぞれ**図表 2-6** のようにまとめていることを見よう。なお、ここでの技術レベルについては以下の5段階で整理されている。

　　Aレベル：ベトナムにほとんど存在していない技術
　　Bレベル：ベトナムに立地した外資系企業が対応している技術
　　Cレベル：ベトナムの現地企業でも、対応し始めている技術
　　Dレベル：ベトナムで一般的になりつつある技術
　　Eレベル：ベトナムで過当競争になりつつある技術

　さて、樹脂成型のニーズに関して言えば、ベトナムでは日用雑貨品等のための射出成型が多く、それらのための金型製作が盛んである。また、二輪・家電の部品製造のための金型は技術的に問題がないとされる。日系企業での勤務歴を有する経営者もおり、日系企業向けの金型も製作している。そのような企業では、CAD/CAM/CAEも活用され、新鋭工作機械が導入されている。現在、射出成型、ブロー成形、押出し成型についてはベトナム国内で対応可能だが、特殊な形状、高精度なものに関してはローカル企業でこなすことはできない。

　ゴム成形については、靴や運動用品など日用雑貨はベトナム国内で生産しているが、工業製品用は日本から輸入している。さらに、金属プレスの分野では、プレス加工メーカーのほとんどで金型が内作されている。しかし、高度な技術を必要とする金型は輸入されている。そして、順送型・トランスファー型では製造企業が少なく、ニーズも高い。

　このように、緩やかな歩みではあるとはいえ、ベトナムでは基盤的技術分野での中小企業が次第に増えつつある。ここでは、ベトナム北部で飛躍的に成長を遂げているベトナムのローカルメーカーの事例をいくつか見てみることにする[16]。

---

16) 以下のベトナム企業の詳細については、前田啓一「ベトナム北部機械金属系中小製造業

【金型生産のコストがタイや中国より低いことを活用して、タイ・ホンダ向けに金型半製品の輸出取引に着手】

2000年に当社が設立された当時は輸入鋼材の加工業務が中心であったが、2010年からはプラスチック成型加工用金型ならびにプラスチック製品の製造販売に乗り出している（2013年面談）。当社のプラスチック部品は、例えばキャノンのプリンターの内蔵部品に組み込まれている。

当社の主要顧客には多くの日系企業が含まれるが、その取引先開拓に関しては創業者自身の営業活動によるところが大きい。現在の従業員数は190名で、金型部門が31名、残りはプラスチック部品製造と間接部門である。当社は、2012年よりタイ・ホンダ向けに金型半製品の輸出に着手している。

なお、ASEAN経済統合によるベトナム金型産業への影響を創業者に尋ねたところ、次の3点で心配ないとのことであった。第一に、中間財としての金型産業は最終製品の生産現場と近接したところに立地しなければならない。金型の輸入では距離的かつ時間的に問題がある。さらに、現在では、金型部品の輸入関税は賦課されているものの、金型完成品の関税はすでにゼロである。第二に、金型生産のコストはタイや中国より低い。第三は、キャノンやサムソン電子などベトナムに立地する大規模組立企業はベトナムのローカル企業から金型調達ができなければ彼ら自身が困ることになる、からである。

【ホンダ・ベトナムの正式なサプライヤーとなることを弾みとし、ホンダ・フィリピンへの輸出も開始】

バクニン省にあるバイクと自動車の部品製造企業は1998年に創業された。友人4～5人で、自己資金を出しあっての会社設立である。設立当時、社長は41歳であった（2013年面談）。

創業以来、当社は外資系進出企業向けの製造を中心とし、2008年9月よりホンダ・ベトナム子会社との取引に着手することができた。現在の主力製

の勃興と創業者の基本的特徴について――エリート資本主義の萌芽か」『同志社商学』第66巻第6号、2015年3月〈本書第5章収録〉も参照してほしい。

品はバイク用のステップ（足置き）であり、製品をホンダ・ベトナム子会社に販売し、客先がそれにゴムを被せたうえでホンダ・ベトナムに納入する。

その後、2011年5月にはホンダ・ベトナムの正式なサプライヤーとなることができた。以来、当社はホンダにとって、品質と納期の両部門でトップ・サプライヤーの地位を保ち続けている。また、2013年2月にはピアッジョ・ベトナムの正式サプライヤーにもなった。さらに、2011年3月にはホンダ・フィリピンへの輸出に漕ぎ着けることができた。

注目されるのは、当社が明確な理念とビジョンを次のように定めていることである。①市場で求められる製品づくりに努める、②全従業員が先端技術、製品・サービスのマネジメント、品質管理システムの応用に努める、③開発志向の高品質で価格競争力を備えたサプライヤーを目指す、④世界的販売網の構築を目指す、としている。私はこのところベトナムでローカル企業の訪問を続けているが、企業経営の理念とビジョンについてこのように明確に掲げるところに出会うのは珍しい。

【台湾系企業で技術経験を積んだのち、2007年にホンダの一次サプライヤーに認定。品質優秀賞も獲得。ホンダ・バイクの金属フレームではローカルサプライヤーのなかでトップの地位を獲得】

創業者である二人の兄弟（現在の会長と副社長）は台湾系企業などでともに数年間勤務した（現在の社長は兄の夫人〈会長の義理の姉〉である）。この台湾系企業は、ホンダ、ヤマハ、フォード、ピアッジョをエンドユーザーとする技術力あるメーカーであり、当社現会長はこの台湾系メーカーの会長補佐として働くことで技術経験を積むことができた。

2005年の当社創業時はレンタル工場での開業であったものの、翌2006年には現在地に移転した。さらに、2007年7月には早くもホンダの一次サプライヤーとして認定されるほどの品質管理能力を向上させることができた。ホンダの正式なサプライヤーになるためには厳しい企業評価に合格する必要があり、それにもかかわらず当社がその認定を半年間で受けられたことはその後における発展の大きな原動力となった。同社は以後、ISO9000、

ISO14000、TS16949（自動車部品向けの規格）を次々と取得していく。そして、2010年、2011年にはホンダの品質優秀賞を獲得することができた。

　また、2009年にはベトナムのホンダ子会社がその事業内容をバイクの金属フレーム製造から鋳造へと転換させるに伴い、従来の金属フレーム生産については当社を含む4社に委ねるようになったことも当社の発展をもたらす原動力となった。他社がホンダからの受注増のために品質と納期を急速に悪化させたために、当社の売り上げは飛躍的に向上していった。現在では、ホンダ・バイクの金属フレームの過半を当社が受注するに至っている。

　当社はホンダへ、直接納入分と日系一次サプライヤー経由の分を合わせて、当社製品の85%以上を供給している。ベトナム北部のこのベトナム企業は高い品質を維持しつつ、顧客からの信頼を獲得できている

【情報共有やKAIZEN提案を通じて、当社から40〜50kmの範囲で40社以上の部品サプライヤーを育てた農薬噴霧器メーカー】

　農業機器の組み立て・販売ならびに肥料・農薬の販売を行うこの企業は、ベトナムでは数少ないローカルの農業機器メーカーである（2014年面談）。ベトナムにおいて、農薬の噴霧器を製造しているのは当社だけであるという。ただ、噴霧器での当社のベトナム市場獲得率は40%に留まり、残りは台湾や中国からの輸入品である。

　2002年に設立された当社は、当初、農薬や肥料の梱包作業に従事していたが、2009年からは農薬噴霧器の組み立てに着手した。しかしながら、アセンブルに従事しはじめた頃は、困難に直面した。第一は、品質管理ができていなかったことである。当時は1年間で5000台しか製造できなかったという。そこで、社長以下が海外で研修を受け、さらにJICAシニアボランティアによる生産管理や5Sなどの指導を受けた。第二は、ベトナムで優れた部品サプライヤーを見つけにくかったことである。とはいえ、サプライヤーとの情報共有やKAIZEN提案を通じて、ローカル企業のQCD改善が進み、今ではこの工場から40〜50kmの範囲で40社以上の取引先が存在するまでになった。現在では、8〜9割の部品はベトナム国内で調達可能である。

第2章　ベトナム北部での進出日系企業の存立形態とローカル中小企業の勃興

　ここでのいくつかの事例からは、ベトナム北部での急成長企業の多くが、ベトナムに進出しているホンダなどの日系の二輪車メーカーや日系一次サプライヤーと直接であれ間接であれ取引可能であるという事実である。この地に進出した日系企業と直接取引が可能になれば、急速に成長する潜在的な可能性が今のベトナムには存在すると思われる。あるいは、進出日系企業との直接取引はまだできなくとも、日系企業やJICAシニアボランティアなどの日本人技術者の指導を受けることで、QCDなどの面で競争力が飛躍的に向上する可能性が胚胎している。事例では、ホンダなどのグローバル事業展開の網の目のなかでこの動きに機敏かつ柔軟に対応することで、ベトナム企業の側での事業拡大のチャンスが生まれてきていることを明らかにした。

　現在のベトナムでは30～40歳くらいまでの比較的若い層の経営者に日本での留学や勤務歴の経験を有する者が多く、日本のものづくりの卓越さについて肌身で感じとっている。また、40～50代前半の経営者にはソ連（当時）や東欧への留学経験を持つものも少なくなく、ものづくりについての基礎的な技術知識を修得している。ベトナム北部のエリート大学卒業生が、国際経験を身に着け、グローバル環境のなかで続々と創業に踏み切っている。この地では、グローバリゼーションの世界的潮流にいち早く適合しつつ、創業後での失敗にも関わらず再び積極果敢に新規事業に着手し、あるいは事業内容や生産・加工品目を市場のニーズにあわせて巧みにシフトしながら成長している企業が見られる[17]。

6　おわりに

　2020年での工業国入りを実現すべく、ベトナムでは現在のところ、日本など諸外国からの積極的な資本導入に努めてきた、そのこともあって、今日では一定の経済成長を実現しているのは衆目の一致するところである。

---

17) 彼ら・彼女らは、けっしてひよわなエリートではなく、粘り強く事業を持続的かつ積極的に展開していこうとする起業家である。少なくともベトナム北部では、「エリート資本主義」とも呼ぶことのできる可能性の萌芽が確認できる（前田、同上論文を参照）。

ただ、それにもかかわらず、今日のベトナム経済では依然として自生的かつ自律的な経済発展プロセスをなかなか窺い知ることができない。そのような状況に直面して、「上流域」と「下・中流域」とのリンケージ強化論も打ち出されている。

　しかしながら、われわれは本章において、基盤的技術分野を担う日本からの製造業分野での中小企業投資誘致の重要性をあらためて強調した。上流での装置産業型大規模投資が重要であることは明白であるが、そのことをもってしても「中流域」での部品中小企業や加工中小企業の投資誘致はこれからも一層の重要性を増すことは疑いない。着実な雇用創出と技術移転をもたらすのは装置産業型大規模投資もさることながら、それよりもむしろこういった中小企業の製造業投資によるところが重要である。企業の規模や知名度では及ぶべくもないが、ベトナム・地場ローカル企業との取引関係の強化を通じて、まさしく市場取引を媒介することにより、ベトナム企業のQCDが飛躍的に向上する。そのことの積み重ねによって、ベトナム企業が競争力を増し、世界市場で生き延び発展していく以外に道はない。

　また、ここではベトナムの北部では緩やかながらも基盤的技術分野を担う地場のローカル中小企業が続々と誕生していることを明らかにしてきた。とはいえ、それらは産業集積の厚みには乏しく、まだまだこれらローカル中小企業の育成と支援が望まれる。さらに、ASEAN経済共同体（AEC）のもとで、アジア大での分業構造の再編が急速に進んでいくものと展望される。現地に進出している日系企業の国際生産分業関係も重層的かつ輻輳的に進んでいくと考えられる。日系の製造企業などでは、チャイナ・プラス・ワン戦略やタイ・プラスワン戦略とも相まって、ベトナム各地での製造機能の設置・拡充・再編に努めている企業が多い。

第3章　北部日系工業団地における日系中小企業の事業展開
―― ハノイとハイフォンを中心に ――

1　はじめに

　ベトナム共産党がそれまでの計画経済を放棄し市場経済を導入する「ドイモイ」と呼ばれる政治路線を採用したのは 1986 年 12 月のことであった。このタイミングはおりしも日本が急激な円高を迎える時期にあたる。これ以降、ベトナムへの幾たびかの投資ブームが見られたものの、我が国製造業による海外直接投資は企業規模や業種の違いを問わず、その大方の眼がアジアでは中国ならびにタイに向けられていたと言っても過言でない。しかしながら、中国での急速な賃金上昇や 2012 年秋からの"反日デモ"等による日中間での政治的混乱により、チャイナ・プラス・ワンの投資先としてベトナムへの関心がこのところ急速に高まっている。
　とはいえ、ベトナムの経済概況や投資に関する一般的情報については入手がかなり容易にはなってきたものの、進出日系中小企業の集積はいかなるほどであるのか、また現地ではどのようなかたちで事業展開を行っているのか。そして、取引先となるべき地場中小企業は実際にどれほどあるのか。その技術内容・品質等々の水準はどうであるのか、といった観点からの調査・研究は少ない。
　本章においては、ベトナム北部での主要都市であるハノイならびにハイフォンを中心として、筆者が近年に訪問・調査することのできた聞き取りの内容を踏まえてそれらに言及してみたい（本章の記述は、主として 2011 年 5 月と 2012 年 8 月での面談記録に基づく）。以下では、近年におけるベトナムへの直接投資動向と技術移転の道筋について簡単に検討したのち、ベトナム北部での日系

工業団地整備状況、進出日系企業の事業展開等々の順に論述を進めていく。

2　ベトナムへの直接投資と技術移転

　中所得国のレベルに達したばかりのベトナムは現在、「中所得国の罠」に陥るか、あるいは高所得国への持続的な発展が可能となるのか、その分岐点に立っていると言われる[1]。今後における計画経済から市場経済へのいっそうの移行と開発の成功を条件付ける一つの重要な要素に、ベトナム民間企業に対する技術移転という重要な課題が存在する。そのような観点からすれば、海外先進諸国企業からのベトナムへの直接投資はそれら民間企業にきわめて大きな刺激を与えるとともに、そもそもそのような民間企業が存在しないか、あっても不十分なほど少数的存在であるような場合には彼らが育っていく際に大きなインパクトをもたらす。さらに、そのような影響はベトナム移行経済そのものにも広範な経済的波及効果を与えるものとなる。

　トラン・ヴァン・トウによれば、「技術移転」には3つの形態がある[2]。その第一は、「企業内技術移転」で多国籍企業がその進出先子会社に対するものである。第二は、多国籍企業の子会社から同一産業分野での現地企業への「企業間水平技術移転」。そして、第三が「企業間垂直技術移転」であり、同じく多国籍企業の子会社から後方あるいは前方の連関ある現地企業への技術移転を指す。そのうえで、彼は「企業間水平技術移転」よりも「企業間垂直技術移転」のほうが現地経済に対する経済波及効果が大きく、地場裾野産業の発展を誘発するという[3]。この最後の点に関しては私も同意できる。

1）トラン・ヴァン・トウ『ベトナム経済発展論　中所得国の罠と新たなドイモイ』勁草書房、2010年の「はしがき」を参照。
2）同書、152〜158ページ。
3）同書、156ならびに160ページ。
　　トラン・ヴァン・トウの説明によると、「企業内技術移転」にあっては少なくとも生産（ハード）面に関して多国籍企業が積極的に移転を進める。しかし、ソフト技術については多国籍企業側がハイテク技術の拡散・漏洩を恐れ、かつ現地政府による技術者等の現地化要求への対応が必要になることから、「事情が複雑になる」。また、二番目の「企業間水平技術移転」は「デモ効果」と従業員の現地企業へのジョブホッピングを通

いずれにしても、現在のベトナムでは裾野産業がまだまだ未成熟であり、技術移転の受け皿となるべき地場中小企業の育成が急務である。このような考え方は、1990年代中頃から明確になりそのための日越共同研究が進められてきたし、研究成果も公表されている[4]。さらに、ベトナム政府は2008年以降、裾野産業育成を強力に推進している[5]。ベトナムでは裾野産業が広範に発達している日本からの中小企業投資を積極的に受け入れようとの方向が鮮明である。

では、ベトナムに対する日本の直接投資はどのような動きを見せているのであろうか。

日本による直接対越投資の第1次ブームは1994～97年で、1994年でのアメリカによる経済制裁解除を契機とするものであった。1995年の投資額は

して当該産業の国際競争力強化が期待できる。しかしながら、この「企業間水平技術移転」は把握困難である。そして、第三の「企業間垂直技術移転」は二つの道筋によって裾野産業の発展を誘発する。すなわち、外資系企業による地場企業への部品等の発注による生産性向上・コスト削減・品質改善のためのハードおよびソフト技術の移転、そして外資系企業との合弁会社の新規設立や外資系企業による部品生産の本格化等をいう（同書、154～156ページ）。結局、トランは100％外資よりも合弁のほうが技術移転の促進効果が強いとし、投資受入国にはこちらの投資形態が望ましいと主張している（同書、157ページ）。

なお、私はすでに別稿において、日系企業、とりわけ中小企業のアジア進出こそが、現地における製品や部材の販売・調達、外注下請関係の形成などまさしく市場メカニズムを通じた技術移転が有効に機能するであろうことを指摘している。すなわち、そこでは価格、品質、納期などのいろいろな条件面で日系現地法人からの受注を継続的にこなしていく努力が払われていくことで現地資本企業の市場関係を通じたオン・ザ・ジョブ・トレーニングが実行されていくと考える。そのうえで、100％の完全所有子会社よりも合弁形態のほうが、さらには合弁の場合にあってもマジョリティ出資よりもマイノリティ出資のほうが開発・設計力の現地への移転に熱心であることを明らかにした（前田啓一『岐路に立つ地域中小企業　グローバリゼーションの下での地場産業のゆくえ』ナカニシヤ出版、2005年に所収の第4章「日系企業と国際技術移転」を参照されたい）。

4）例えば、石川　滋・原洋之介編『ヴィエトナムの市場経済化』東洋経済新報社、1999年がある。同書の第12章「主要輸出産業の育成」では現地調達できるものがきわめて限られていることを指摘したうえで、部品産業に加えて基礎的な裾野産業の育成の必要性が強調されている（234、297～300ページ）。

5）ベトナム側では企業向けのアンケート調査を行い、彼らのニーズを踏まえて、JICA専門家のほか、日本からシルバー人材を受け入れたいとのことである（ベトナム経済研究所編・窪田光純著『ベトナムビジネス　第2版』日刊工業新聞社、2008年、18ページ）。

図表3-1　日本の対越直接投資（認可ベース、2006年～2016年）

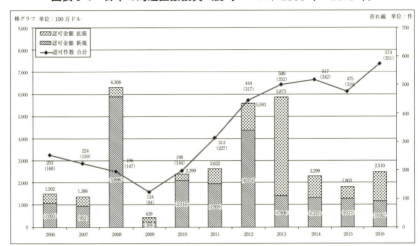

（注）計画投資省外国投資庁　認可取り消し案件も含む　（　）内数字は新規案件。
（出所）ジェトロ・ハノイ『ベトナム一般概況～数字で見るベトナム経済～』2017年4月、35ページ。

47件、11億2,990万ドルを記録している。だが、このブームは97～98年にアジアを席巻した通貨危機によって停滞局面に陥った。とはいえ、この外国直接投資の急減は通貨危機だけに起因するものではなかった。例えば、法制度の未整備や合弁経営の困難（価値観の相違や外資法による制約など）が指摘されている[6]。むろん、ベトナム戦争後における道路・港湾などの被害がそのまま残されているところもあった。

1998年からベトナム政府は、外国資本の積極的な導入政策に転換していく。具体的には、投資関連法規の整備や100％出資での投資活動の承認、外国投資に対する各種税制の減免、さらには工業団地の飛躍的な整備・拡充が計られるようになった。

こうして、2005年ごろから2008年までに第2次ブームが訪れた。2008年には投資件数が147で、投資金額としてはこれまで最高の76億5,300万ドルにも達した。この期間中での直接投資の規模は大きく、日本企業のベトナムへの投資意欲の大きさを物語っている。坪井善明はこの第2次ブームの要

6）同書、110ページ。

因について、次の 4 点を指摘している[7]。第 1 は、日本政府の政治的意思である。すなわち、我が国は ASEAN のなかでのベトナムの戦略的な位置を重視し、1992 年の再開以来、毎年巨額の ODA を展開し続けている。このような政治的意思に基づき、日系企業の課題解決のための「日越共同イニシアティヴ」が 2003 年 4 月に発足したこと、2004 年 12 月での日越投資協定の発効、日越経済連携協定（EPA）の交渉開始が挙げられる[8]。第 2 には、日中関係がある。中国での反日運動の盛り上がりや賃金水準の上昇などは、チャイナ・プラス・ワンとしてベトナムへの注目度を高めることになった。ベトナム人が親日的であること、中国に比べるとまだ賃金水準が低いこと、インド等よりも距離的に近いことなどを背景にしている。第 3 は、2001 年 12 月での米越通商協定の発効、2007 年におけるベトナムの WTO 加盟がある。これらによって、日本企業はベトナムでの活動に際して、アメリカの意向を気にすることなく活動可能になった。そして、第 4 は投資受入れ環境の整備がある。2000 年での外国投資法改正、2005 年の統一企業法制定によってベトナム国内での私企業の設立が簡素化された。さらには、WTO 加盟により、投資環境が法律面ならびに制度面でも整備されるようになった。

しかしながら、第 2 次ブームは 2008 年 9 月のリーマンブラザーズ破綻後における世界的な不況の深刻化ならびに鳥インフルエンザ感染拡大への恐れ等から急激な沈滞を見た。

2010 年以降現在に至るまでは、第 3 期の爆発的なブームとでも呼べるほど、継続的な対ベトナム投資の増勢が再び生じている（**図表 3-1**）。為替の円高基調を背景に、我が国での製造業の立地困難等々を理由として、ベトナムへの投資意欲が、再びしかもこれまで以上に強く示されるに至っている。さらには、2012 年 9 月に発生した尖閣諸島（中国名・釣魚島）の日本政府による「国有化」方針を巡る中国での反日デモの展開とその後の軋轢や南シナ海の島嶼をめぐる越中政治対立、ASEAN 経済統合の深化、そしてインドシナ

---

7) 坪井善明『ヴェトナム新時代 「豊かさ」への模索』岩波新書、2008 年、197〜201 ページ。
8) 日越経済連携協定（EPA）は、2008 年 12 月に双方が署名し、2009 年 10 月より発効した。

図表3-2 国・地域別の対ベトナム直接投資
(認可ベース、上位10カ国、2016年12月31日現在)

(単位：100万ドル、%)

国・地域	件数	構成比	総投資額	構成比
韓国	5,773	25.6	50,554	17.2
日本	3,292	14.6	42,434	14.4
シンガポール	1,796	7.9	38,255	13.0
台湾	2,516	11.1	31,886	10.9
英領バージン諸島	687	3.0	20,482	7.0
香港	1,168	5.2	17,003	5.8
マレーシア	543	2.4	11,967	4.1
中国	1,562	6.9	10,528	3.6
アメリカ	817	3.6	10,142	3.5
タイ	445	2.0	7,800	2.7
合計（その他を含む）	22,594	100	293,700	100

(注) 計画投資省。
(出所) ジェトロ・ハノイ『ベトナム一般概況～数字で見るベトナム経済～』2017年4月、27ページ）。実行額は暫定値。

半島でのインフラ整備の進展などを背景に、我が国企業による直接投資の向かう先が中国に加えてベトナムその他の国々にいっそう傾斜していく契機となっている。**図表3-1**によると、2010年から日本企業のベトナムへの直接投資件数（認可ベース）は、2015年での一時的な減少を除き、今日まで右肩上がりの上昇を続けている。ただ、このところの数年での投資認可額（拡張＋新規）は18～25億ドルで推移し横ばいである。これについては、日本からの投資主体が次第に中小企業を中心とするものに変わりつつあることを反映していると考えられる。

ここでは、諸外国による対ベトナム投資のなかで日本の占める地位についても確認しておこう（**図表3-2**）。

2016年12月末時点での累計ベースで見た総投資額では、韓国が件数、金額の双方で最も大きく506億ドルである。ついで、日本、シンガポール、台湾の順となる。総投資額が第2位の我が国は424億ドルで、全体の14.4％となっている。また、総投資件数でみて我が国は第1位韓国の約57％にすぎないが、第3位のシンガポールを大きく引き離している。ここからも、ベトナムに対する日本企業の投資行動が大きな意味を持っていることが理解できる。

図表 3-3　日本の対越直接投資（新規認可ベース・地域別）

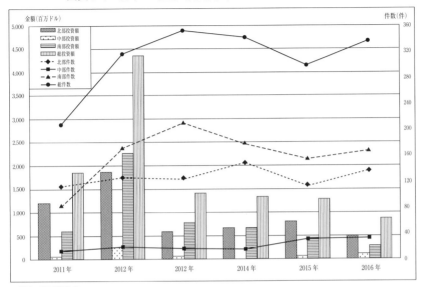

（注）計画投資省。
（注）2011、2015 年、2016 年は速報値を掲載／2012～2014 年は確報値。
（出所）ジェトロ・ハノイ『ベトナム一般概況～数字で見るベトナム経済～』2017 年 4 月、36 ページ。

振り返ってみると、我が国の直接投資は当初、ベトナム南部に集中していた。南部は北部と比べて、資本主義の経験もあり市場経済を受け入れる素地があったうえに、道路や電力などの産業インフラがある程度整っており、商業施設やホテルなど都市環境も充実していたためである。これに対して、北部は計画経済の時代が長く、産業インフラや都市環境の面でも南部よりも劣っていたことは否めない。要するに、1990 年代における企業の立地環境としては、北部よりも南部のほうが圧倒的に優位にあった[9]。

とはいえ、2000 年以降になると、2001 年でのキヤノンのタンロン工業団地への進出を契機に、北部向け投資についても件数・金額ともに急速に拡大している。図表 3-3 からもそのことが明らかとなっている。また、投資環境

9）長崎利幸「工業団地の展開と日本企業」（監修（社）経営労働協会／関満博・池部　亮編『ベトナム／市場経済化と日本企業　増補版』新評論、2006 年、100～101、105 ページ）。

としても、北部は南部とそれほど遜色ないものに変貌しつつある。一般的には、現状のところ、日本企業の南北間での投資行動の違いは次のように指摘されている。すなわち、南部では中堅・中小部品メーカーを中心に100％出資型の輸出加工型企業が、またベトナム国内の市場獲得を目指す企業も進出している。他方、北部においては、100％出資型の輸出加工型企業、なかんずく自動車や二輪関連の企業が存在している[10]。

3　ベトナム北部における工業団地の整備状況

(1) 工業団地の概要と外資系企業

ベトナムにはこれまでに数多くの工業団地が建設されている。やや古いデータであるものの2010年末現在で、政府の計画投資省が承認しているものが261あり、このうち外国資本による建設が40、ベトナム国内資本によるものが221ある（**図表3-4**を参照）。ただし、工業団地全体261のなかで、現在活動中のものは173に留まり、残る88ヵ所、つまり三分の一の工業団地は区画指定されたものの更地で放置されているか、あるいは企業がまったく入居していないままである[11]。

入居している企業（**図表3-4**ではプロジェクト）の総数は8,339であり、外資系が3,962（47.5％）、国内資本系が4,377（52.5％）となっている。直接投資

---

10) ジェトロ・ホーチミン事務所　中西宏太編著『ベトナム産業分析』時事通信社、2010年、10ページ。
11) 国内系の工業団地には、荒家のまま、もちろんインフラ設備が全くない状態で販売されることが多い。また、「道路ができあがっている工業団地はいいほうで、ほとんどは図面上だけの工業団地である。杭がうってあるだけのものや、縄張りされているにすぎないものも多い」との指摘が見られる（ベトナム経済研究所編・窪田、前掲書、63ページ）。
　　工業団地を造成するのは土木開発業者が多く、地方の人民政府はこれらの業者に販売権すなわち土地価格（＝50年間の土地使用権）の交渉を任せている。そのため、外国投資企業とのトラブルも見られる。「開発業者に過度の権限委譲をしていることはベトナムへの不信感を生むことになる」と言われる所以である（同書、10～11ページ）。
　　結局のところ、ベトナムでは「工業団地をつくれば外国企業を誘致できるという安易な妄想が、工業団地の建設を急がせている」し、「工業団地の数ではなく、質が問われる時期を迎えていることを再認識したい」と言われる（同書、64ページ）。

図表 3-4　ベトナムの工業団地概要

	外国投資	国内投資	合計
工業団地数	40	221	261
活動中の工業団地数	23	150	173
プロジェクト数（企業）	3,962	4,377	8,339
登録額	536億ドル	336兆780億ドン （約168億ドル）	740億ドル
実行額	171億ドル	135兆9,500億ドン （約68億ドル）	240億ドル
生産額	305億ドル	57兆2,510億ドン （約28億6,255万ドル）	340億ドル
輸出額	―	―	190億ドル
輸入額	―	―	185億ドル
従業員数			160万人

（出所）計画投資省経済区管理局（ジェトロ・ハノイ事務所『ベトナム北部・中部工業団地データ集』2012年、264ページ）。

　の登録額が740億ドルであるのに、実行額が240億ドルと三分の一以下に留まっているのは、上で見たように未だ稼働していない工業団地の数が相当数に上るためでもある。

　生産額については、入居企業の全体で340億ドルもの額に達しているが、そのうちの89.7％、つまりほぼ9割は外資系工業団地の入居企業からもたらされたものである。他方、国内投資系工業団地入居企業では57兆2,510億ドン（約28億6,255万ドル）とわずか8.4％にすぎない。外資系工業団地に入居している企業のほとんどが外資系のしかも大工場の立地するケースが多いことを反映しているためと思われる。

　このほか輸出額は190億ドル、輸入額は185億ドルとなっており、工業団地入居企業からの純輸出額（黒字額）が極端に小さい。これについては原材料・部品を輸入したのち、加工・組立した完成品を輸出するタイプの貿易が依然として大方であることを反映している。

　さらに、工業団地で働く従業員総数は160万人という膨大な数に達している。ベトナムの国民人口（8,579万人・2009年12月31日現在）のおよそ約2％が工業団地内の企業で働いているという事実、そして従業員の大半が若者で

図表 3-5　新規工業団地の承認数

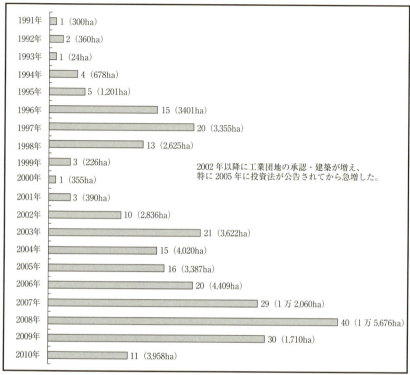

(注) 計画投資省経済区管理局。
(出所) 図表 3-2 に同じ。

あろうと考えれば、若年者雇用の場としての工業団地内企業が際立って大きい重要性をもつことが判明する。

さて、工業団地の新規承認数を暦年ごとにグラフ化したものが**図表 3-5** である。1991 年にベトナムで最初の工業団地としては台湾の CT&D グループがホーチミン市の開発公社 (IPC) と合弁によって開発したタントゥアン輸出加工区 (EPZ) の建設ライセンスの取得がその嚆矢であり、「ベトナム工業化の起点となった[12]」。1996 年から 98 年にかけては工業団地の最初の建設

---

12) 長崎、前掲論文、106 ページ。

第 3 章　北部日系工業団地における日系中小企業の事業展開——ハノイとハイフォンを中心に——

図表 3-6　所有形態別企業数（2012 年 1 月 1 日現在）

	合計	企業の資本金規模			
		零細企業	小企業	中企業	大企業
合計	324,691	216,732	93,356	6,853	7,750
1．国有企業	3,265	141	1,309	510	1,305
うち中央管理	1,797	66	601	259	871
地方管理	1,468	75	708	251	434
2．非国有企業	312,416	214,433	87,772	5,572	4,639
うち個人会社	48,913	37,496	10,963	321	133
合名会社	179	133	42	4	
有限会社	193,281	136,433	51,996	2,823	2,029
国有系株式会社	1,751	82	840	275	554
株式会社	68,292	40,289	23,931	2,149	1,923
3．外資系企業	9,010	2,158	4,275	771	1,806
うち100％外資	7,516	1,759	3,629	601	1,527
合弁企業	1,494	399	646	170	279

（注）本表中、Private enterprises を個人企業と訳している。
（出所）The report "The development of enterprises in Vietnam during 2006-2011", Statistical Publishing House, 2013, The General Statistics Office (Ministry of Planning and Investment, Agency for Enterprise Development, *White Paper on Small and Medium sized Enterprises in Viet Nam, 2014*, p.43).

ブームが訪れる。この時期に関しては、第 1 次ベトナム投資ブームと合致する。その後、1999 年〜2001 年まで沈静化したのち、2002 年から再び承認・建設件数が急増し、とりわけ 2005 年には統一企業法と共通投資法とが制定されたことをきっかけに 2008 年には 1 年間に新規承認件数が 40 件で、承認合計面積が 1 万 5,676 ヘクタールとこれまでの最高水準に達している。そして、リーマンショックののちに、2010 年には大幅に減少している。

　工業団地のなかに外資系企業がどれほど立地しているかについては、先の図表 3-4 がその一端を明らかにしていた。しかしながら、外資系企業はなに

　なお、直近の調べによれば（ジェトロ・ハノイ事務所『ベトナム北部・中部工業団地データ集』2017 年 1 月、424〜427 ページ）、北部・中部での工業団地総数が 217 にも上り、その数が増え続けていることが確認できる。そのうち、「稼働中」が 146（67.3％）もあるものの、「空き無し」13（6.0％）、そして「未稼働」のままのものも 58（26.7％）と相変わらず多い。

も工業団地のなかだけに立地しているとは限らない。

　ここでは、ベトナム中小企業白書 2014 年版から、外資系企業の企業数、従業員数、1 社当たりの平均従業員数を調べておこう[13]。

　図表 3-6 は、同白書に基づいて所有形態別の企業数を資本金規模別に示したものである。製造業のみのデータは入手できないものの、国有企業、非国有企業、外資系企業の三つに大別したうえで、それぞれの内訳をより詳しく明らかにしている[14]。本表の中で奇異に感じるのは、非国有企業のなかに含まれる国有系株式会社という分類である。これについては、国有企業の株式化に伴う株式会社であっても国有分が含まれている状態を指す（同白書の英語版では、Joint-stock company with state capital と記載）。したがって、これについては、国家資金が投入されておらず、民間所有が 100％ の純粋な株式会社（同じく、Joint-stock company without state capital）と区別されている。

　さて、本表によると、2012 年年初の時点において、国有企業数が 3,265 社、非国有企業数 312,416 社、そして外資系企業の数が 9,010 社である。企業総数 324,691 社のなかでは、それぞれ 1.0％、96.2％、2.8％ である。国有企業数と外資系企業はきわめて少なく、非国有企業の数が圧倒的に多い。ベトナムでは企業数という観点から言えば、もはや圧倒的大多数が非国有企業である。ただ、非国有企業のなかには先述の通り、ベトナム政府の出資する国有系株式会社が存在することから、非国有企業の全てが完全な民営企業というわけではない。2000 年、2007 年、2010 年、2012 年のデータと比較してみると[15]、この期間中に国有企業数は 13.6、2.2、1.4、1.0％ と激減、非国有企業が 82.8、94.6、96.0、96.2％ へ増加、そして外資系企業数の比率は 3.6、3.2、2.6、2.8％ と意外にもそれほど増えていないことが示される。

---

13) ベトナム政府は 2009 年に最初の中小企業白書を公表した。そして、2011 年に第 2 号、2014 年には第 3 号が刊行されている。
14) 所有形態別にみた各企業の概念・定義などその詳細に関しては、トラン、前掲書の 126 〜133 ページが参考になる。
15) 2000 年と 2007 年のデータに関しては、同書の 127 ページに掲載されている表 6-1 より筆者が算出したものである。また、2010 年についてはベトナム中小企業白書の 2011 年版に基づく。

外資系企業の内訳を100％外資と合弁企業に大別して、同じく2000年、2007年、2010年、2012年のデータを比較すると、この間、100％外資が56.1、81.0、82.7、83.4％へと著しい増加傾向を示しているのに、他方で合弁企業数比率は44.0、19.0、17.3、16.6％と急速に減少している。合弁企業の数じたいは、この期間を通じて、671、943、1,134、1,494へと増えてはいるものの、外国投資のなかで見た場合に100％出資企業数の急増と、他方で合弁企業数の比率が低下していることは否めない。外資による対ベトナム投資の顕著な特徴となっている[16]。

　また、企業の資本金規模別の特徴に関しては、以下の4点が明らかである。第一は、約32万5千社の企業全体のなかでは、零細企業がおよそ21万7千社と66.8％、小企業が9万3千社で28.8％、次いで中企業が7千社弱の2.1％、そして大企業は8千社弱で2.4％となり、零細企業が7割弱を占める。零細、小、中企業を合計すると、その比率は全体の97.7％と際立って高く、ベトナム産業構造のなかで零細・中小企業の位置の大きさが理解できる。第二は、所有形態別で見て国有企業では、大企業が相対的に多いことである。およそ3,265社の国有企業のなかで大企業は1,305社で40.0％を占める。第三は、非国有企業のなかでは零細企業と小企業が圧倒的な存在感を持っていることである。非国有企業に占める零細・小企業の比率は96.7％に上る。これに対して、中企業は1.8％、大企業は1.5％にすぎない。そして第四は、外資系企業については、その全体のなかで小企業が47.4％と最も多く、次いで零

---

16) トランはこの傾向が対越技術投資にとって望ましくないと危惧する（同上書、128〜129ページ）。
　　外資系企業のなかで合弁企業数が少ないことに関して、合弁企業の場合にはベトナム側のパートナーが国有企業であることからビジネス感覚に乏しい官僚であることと、「合弁企業での全体一致原則の適用」によってベトナム側の経営者が一人でも賛成しなければ意思決定がなされないというシステムが妨げであった（同書、163〜164ページ）。したがって、「投資比率でマジョリティをとっても経営上のマジョリティは確保できず、西側諸国の経営常識からみると、不合理なそして不可解な項目が多かった」（ベトナム経済研究所編・窪田、前掲書、7ページ）と指摘される。このことにより、外資は必然的に合弁形態ではなく、100％出資を志向するに至った。とはいえ、ベトナム政府は2005年の共通投資法制定により、上の「取締役会における全会一致による決議」を撤廃した（同書、13〜14ページ）。

図表 3-7　ベトナム中小企業の定義

	零細企業	小規模企業		中規模企業		大規模企業	
	従業員数	資本金	従業員数	資本金	従業員数	資本金	従業員数
農林水産業	10人以下	200億VND以下	11～200人以下	200億以上1,000億VNDまで	201～300人	1000億VND超	300人超
製造業及び建設業	10人以下	200億VND以下	11～200人以下	200億以上1,000億VNDまで	201～300人	1000億VND超	300人超
卸小売業及びサービス業	10人以下	100億VND以下	11～50人以下	100億以上500億VNDまで	51～100人	500億VND超	100人超

（注）VNDはベトナム・ドン。
（出所）零細企業、小規模企業、中規模企業については、インターネットに掲載された政令第56号（No.56/2009/ND-CP）のジェトロ仮訳より。また、大規模企業はベトナム中小企業白書2014年版の39ページに掲載されている表から抜粋した。

細企業が24.0%、そして大企業は20.0%、中企業8.6%である。外資系のうち、100%の単独出資会社に関してはほぼ外資系企業全体と同じような傾向を示し、合弁企業では全体1,494社のなかで小企業が43.2%と最も多い。

　なお、ここでベトナムでの中小企業の定義を見ておけば図表3-7の通りである。ベトナム政府による2009年6月30日付けの政令56号（No.56/2009/ND-CP）に基づくものである[17]。

　また、図表3-8は所有形態別での従業員数を表している。これからはまず、2000年から2012年までの最近13年間で353万7千人からおよそ1,095万人へと従業員数の総計が3.1倍も増加していることが見て取れる。所有形態別の特徴としては、第一に、この期間中、国有企業が208万9千人から148万7千人へ28.8%も減少しているのに対し、非国有企業が104万人から674万5千人へと実に6.5倍へ、そして外資系企業も40万8千人から271万6千人へと6.7倍も増えている。国有企業から大量の労働者が流出し、非国有企業や外資系企業への流入となっていることが示されている。同時に、この間での国有企業での従業員の減少が60万人程度であったことから、他方において非国有企業や外資系企業での大規模な雇用創出が見られたことも反映して

17）ベトナムでの中小企業の定義の曖昧さに関しては、次章の脚注1を参照してほしい。

第 3 章　北部日系工業団地における日系中小企業の事業展開——ハノイとハイフォンを中心に——

図表 3-8　所有形態別従業員数

年	総計	従業員数			従業員数の比率（％）		
		国有企業	非国有企業	外資系企業	国有企業	非国有企業	外資系企業
2000	3,536,998	2,088,531	1,040,902	407,565	59.00	29.40	11.50
2001	3,933,226	2,114,324	1,329,615	489,287	53.80	33.80	12.40
2002	4,657,803	2,259,858	1,706,857	691,088	48.50	36.60	14.80
2003	5,175,092	2,264,942	2,049,891	860,259	43.80	39.60	16.60
2004	5,770,671	2,250,372	2,475,448	1,044,851	39.00	42.90	18.10
2005	6,237,396	2,037,660	2,979,120	1,220,616	32.70	47.80	19.60
2006	6,715,166	1,899,937	3,369,855	1,445,374	28.30	50.20	21.50
2007	7,382,160	1,763,117	3,933,182	1,685,861	23.90	53.30	22.80
2008	8,154,850	1,634,500	4,690,857	1,829,493	20.00	57.50	22.40
2009	8,927,900	1,741,800	5,266,500	1,919,600	19.50	59.00	21.50
2010	9,830,896	1,691,843	5,982,990	2,156,063	17.20	60.87	21.93
2011	10,895,600	1,664,420	6,680,610	2,550,570	15.27	61.33	23.40
2012	10,948,158	1,487,097	6,744,677	2,716,384	13.58	61.61	24.81

（出所）General Statistics Organisation (GSO), *Viet Nam Enterprises in the first nine years of the 21st century*, Statistic Publishing House, Ha Noi,2010. *Statistics Yearbook 2009 and 2010*. Conducted by Economica Viet Nam（Ministry of Planning and Investment, *ibid.*, p.57）．ただし、2010～2012 年については *Business performance of enterprises by Vietnamese standard industrial classification, VSIC 2007, Statistical Yearbook, 2012*, the General Statistical Office（Ministry of Planning and Investment, Agency for Enterprise Development, *White Paper on Small and Medium sized Enterprises in Viet Nam,2014*, p.75 より）．

いる。その結果として、第二の特徴として、従業員構成の激変が見られる。2000 年には国有企業が 59％ を占めていたのが、2012 年にはそれが 14％ 弱へとおよそ四分の一にまで低下しており、同時期に非国有企業がおよそ 62％ を示すに至っては、その地位を完全に奪い取るまでの成長を記録している。さらに、外資系企業については、11.5％ から 24.8％ へと急激に増えたもののその増加の勢いは非国有企業ほどではない。このように、今日のベトナムでは国有企業で働く労働者の比率は 14％ を下回るに至ったことが明白である。そして、非国有企業の地位は揺るぎないものとなっている。

また、**図表 3-9** により 1 社あたりの平均従業員数を確認しておこう[18]。所

---

[18] ただ、この図表 3-9 のなかの国有企業、非国有企業、外資系企業の合計企業数がそれぞれを構成する内訳の合計と一致しないのが気になる。

図表 3-9　所有形態別 1 社あたりの平均従業員数

(単位：人)

	2007	2008	2009	2010	2011	2012
合計	47	40	36	35	34	32
1．国有企業	505	518	516	516	510	466
うち中央管理	756	780	743	734	721	
地方管理	261	255	253	258	251	
2．非国有企業	27	24	22	22	21	20
うち個人会社	13	12	12	13	11	
合名会社	12	12	12	12	9	
有限会社	25	22	19	19	17	
国有系株式企業	272	276	277	296	286	
株式会社	43	36	33	32	33	
3．外資系企業	340	325	293	297	283	310
うち100％外資	363	348	312	318	304	
合弁企業	241	222	202	202	175	

(出所) Ministry of Planning and Investment, *ibid.,* p.63 ならびに 2010~2012 年については、Ministry of Planning and Investment, Agency for Enterprise Development, *White Paper on Small and Medium sized Enterprises in Viet Nam,2014,* p.83 より。

　有形態別では、国有企業の規模が大きく、1 社あたりで 500 人前後である。ただ、国有企業のなかでは地方管理より中央管理の国有企業のほうが断然規模が大きい。国有企業についで規模が大きいのは外資系企業であるが、それは 2007 年から 2012 年について 100％外資と合弁の双方で縮小傾向にあることが見て取れる。このことについては外国投資のなかみが、アセンブル型の大企業から中小企業・裾野産業へと次第にその範囲が広がりつつあることを反映していると推測される。さらに、非国有企業は他の二つと比較すれば、その規模は 20 人前後と小さい。ただ、そのなかでは国有系株式企業の規模が 270～300 人と大きい。

(2) ベトナム北部での工業団地の分布

　以下では、ベトナム北部における工業団地の整備状況を明らかにしたうえで、その諸特徴を検討してみる。ただ、ここにあっては工業団地の分布やその整備状況もさることながら、進出している日系企業を中心にその事業展開上の特徴等についても概観してみたい。

第3章　北部日系工業団地における日系中小企業の事業展開——ハノイとハイフォンを中心に——

図表 3-10　ベトナム北部・中部工業団地の事業主一覧

	工業団地数	ベトナム系		外資系（ベトナム企業との合弁によるもの）						
		単独	複数	日本	シンガポール	香港	香港、ベルギー	インドネシア	マレーシア	韓国
1.Bac Ninh 省	10	7	1		①			1		
2.Ha Nam 省	3	3								
3.Ha Noi 市	12	9		1					1	1
4.Hai Duong 省	6	6								
5.Hai Phong 市	7	3		1	①	1	1			
6.Hung Yen 省	10	8	1	1						
7.Nam Dinh 省	2	1		1						
8.Quang Ninh 省	4	4								
9.Vinh Phuc 省	6	6								
10.Bac Giang 省	4	4								
11.Hoa Binh 省	2	2								
12.Phu Tho 省	3	3								
13.Thai Nguyen 省	1	1								
14.Ha Tinh 省	1	1								
15.Nghe An 省	2	2								
16.Quang Binh 省	2	2								
17.Quang Tri 省	2	2								
18.Thanh Hoa 省	3	1	2							
19.Thua Thien-Hue 省	4	3								1
20.Binh Dinh 省	7	7								
21.Da Nang 市	6	5							1	
22.Khanh Hoa 省	2	2								
23.Phu Yen 省	7	7								
24.Quang Nam 省	3	3								
25.Quang Ngai 省	1	1								

（注）表のなかで、①は日本企業（三菱商事）が間接出資しているもの。
（出所）ジェトロ・ハノイ事務所『ベトナム北部・中部工業団地データ集』2012年より筆者作成。

　ジェトロ・ハノイ事務所では最近数年間についてベトナムでの工業団地の整備状況を整理し、それらを北部・中部そして南部に区別し、それぞれ別の冊子のかたちで発行している。本章では、同事務所が2012年に発行した『ベトナム北部・中部工業団地データ集』に基づいて見ていくことにしよう。
　図表 3-10 は、このデータ集よりベトナム北部・中部工業団地の事業主一

図表 3-11　ベトナム北部・中部主要 6 省・市での工業団地における入居・日系企業数

	なし＋不明	1～29	30～49	50～69	70～89	90～99	100 以上
入居企業数	25	11	6	3	1	1	5
日系企業数	11	19	1	－	－	－	－

（注）Ha Noi 市、Bac Ninh 省、Hung Yen 省、Binh Dinh 省、Phu Yen 省、Da Nang 市の合計。
（出所）ジェトロ・ハノイ事務所『ベトナム北部・中部工業団地データ集』より筆者作成。

覧を示している。ここでは、第一に、工業団地がすべての省・市に設けられていることが判明する。もっともその数が多いのは Ha Noi 市で 12ヶ所、ついで Bac Ninh 省と Hung Yen 省がそれぞれ 10ヶ所であり、紅河デルタを中心とする北部三角地帯に多い。ただ、Binh Dinh 省、Phu Yen 省や Da Nang 市などの中部地域にも相当数が建設されている。ただ、このデータ集には 110 の工業団地について各種の情報がこと細やかに記されてはいるものの、未稼働の工業団地 14 が含まれている。

第二には、工業団地の大半はベトナム系であり、そのほとんどは単独企業の設立したものである（この表では、複数の株主企業が設立した投資会社については 1 社と数えている）。とはいえ、紅河デルタ地帯を中心とする北部には外資系の工業団地も設立されている。外資系には、日系 4、シンガポール系 2、香港系 1、香港・ベルギー系 1、インドネシア系 1、マレーシア系 2、そして韓国系が 1 である[19]。

図表 3-11 は、先に見た工業団地の多い 6 つの省・市（Ha Noi 市、Bac Ninh 省、Hung Yen 省、Binh Dinh 省、Phu Yen 省、Da Nang 市）について、それぞれの工業団地に入居している企業数と日系企業数をまとめたものである。ここからは、工業団地があっても入居企業の見られないか、あるいは不明のものが多数あることと、入居企業の数がきわめて少ないものから 100 以上のものに至るまで、その分布は全くバラバラであることが示されている。そして、入居日系企業数は 30～49 という工業団地は一ヶ所にすぎないが、1～29 企業が 19ヶ所もあることが明らかとなっている。

---

[19]　データ集に記載された企業名からは、その国籍が判別しづらいものも含まれていることに注意が必要である。また、シンガポール系の二つ（VSIP バクニン工業団地と VSIP ハイフォン工業団地）については三菱商事が間接出資している。

図表 3-12　ベトナムの日系工業団地一覧

名称	規模（ha）	会社名
AMATA (Vietnam) Industrial Park	700	伊藤忠商事
Vietnam Singapore Industrial Park (VSIP)	500	三菱商事
Thang Long Industrial Park Ⅰ	274	住友商事
Long Binh Techno Park	100	双日
VSIP Binh Duong	約 2,045	三菱商事
Thang Long Industrial Park Ⅱ	346	住友商事
VSIP Bac Ninh	約 700	三菱商事
VSIP Hai Phong	約 1,600	三菱商事
VSIP Quang Ngai	約 2,866	三菱商事
Long Duc Industrial Park	270	双日

（出所）一般社団法人　日本貿易会『商社　グローバルな価値創造に向けて　商社ハンドブック』2017年4月、27ページ。

　日系の工業団地にはタンロン工業団地Ⅰ（住友商事系）、タンロン工業団地Ⅱ（同）、野村ハイフォン工業団地（野村ホールディングス系）、VSIPバクニン工業団地（三菱商事系）、そしてVSIPハイフォン工業団地（同）がある。このほか、南部にはドンナイ省に「アマタ工業団地」（伊藤忠商事系）と「ロテコ工業団地」（双日系）等があり、野村ハイフォン工業団地を除けばいずれも日本の大手総合商社が開発に関わっている（**図表 3-12**は総合商社が関係する日系工業団地一覧を示している[20])）。

（3）タンロン工業団地

　規模の大きなタンロン工業団地Ⅰ（Thang Long Industrial Park I）は、ハノイ

---

20) 大手の総合商社などを会員とする日本貿易会によると、「商社が行う工業団地ビジネスは、土地を確保・造成し、そこに電力や上下水道など入居企業の操業に必要なインフラを整備したうえで、工場建設のための区画を販売するもの」とされる。また、ハード面のみならず、「現地法人立ち上げにあたってのロジスティクス提供、更には製品のマーケティング・販売先の拡大、……小規模な事業のためにはレンタル工場を提供」（一般社団法人　日本貿易会『商社　グローバルな価値創造に向けて　商社ハンドブック2017』2017年4月、26ページ）など、実にきめ細やかなサービスを展開している。まさしく、日本の総合商社の進出企業に対するサポート体制がきめ細やかに展開されているからこそ日系工業団地への高い信頼に結び付いていると考えられる。

市とノイバイ国際空港との間にあって、ハノイ市中心部から 16km、ノイバイ国際空港からは 14km と交通至便の位置にある。ディベロッパーが日本の大手商社ということもあり、インフラ面での整備状況の良さとともに、その「安心感」には大きなものがある。事業主は、ベトナム建設省傘下 100％国営企業のドンアインメカニカルカンパニー（Dong Anh Mechanic Company）が 42％、住友商事 100％子会社の Summit Global Management II が 58％出資する、合弁企業の Thang Long Industrial Park Corporation である。総投資額は 9,000 万米ドル、資本金は 2,447 万米ドルである。投資ライセンスは 1997 年に取得され、翌 98 年から造成工事が開始された[21]。

ハノイ市にあるタンロン工業団地 I の開発は 3 つの時期に分けて進められていく。第 1 期は開発面積 121ha で完工 2001 年（完売 2007 年）、第 2 期 74ha は完工 2005 年で完売が 2008 年、そして第 3 期の 79ha が完工 2007 年（完売 2008 年）で、全体の開発総面積は 274ha（83 万坪）という規模に及ぶ。最初の売り出しは 2000 年 6 月で、2009 年には土地の販売がほぼ終了するという順調な事業展開であった。

団地内では、ハード・ソフト両面でのインフラが整備されている。ハード面としては、地盤・水・電気に関する整備と安定供給がなされている。専用変電所、自前の浄水場や下水処理場も備えられている。団地内には税関のほか、銀行、ベトナム人用食堂、日本食レストランや日本食材店もある。ソフト面では、団地入口にワーカー向け採用広告の掲示板を設置してあるほか、注目すべきものとしては一木会がある。これは毎月の第一木曜日に各工場の責任者が集まり、法律や税制度、あるいは労務関係での情報交換会を行うという趣旨の会合である。また、日本人の常駐者もいて、各種サポートを行っている。

---

[21] タンロン工業団地の説明に関しては、長崎、前掲論文、102〜103、116〜120 ページのほか、住友商事提供資料、ジェトロ・ハノイ事務所『ベトナム北部・中部工業団地データ集』2010 年版および同 2011 年版、さらには Thang Long Industrial Park Corporation での面談（2012 年 8 月 21 日）ならびにその折にいただいた資料（「会社概要」）を参照した（同 Corporation には 2013 年 8 月 1 日にも訪問した）。

第3章　北部日系工業団地における日系中小企業の事業展開——ハノイとハイフォンを中心に——

　さらに、Hung Yen 省内にはタンロン工業団地Ⅱ（ハノイ市より33km、ノイバイ国際空港までが53km）が設けられている。これは、住友商事74％、タンロン工業団地Ⅰ19％、ベトナム住友商事が7％出資する、Thang Long Industrial Park II Corporation が 2006 年 11 月に資本金 1,600 万米ドルで設立したもので、翌 2007 年 8 月に第 1 ステージ着工、2008 年 8 月より販売を開始した。さらに、2011 年 3 月から第 2 ステージの着工が進められた。開発面積は第 1 ステージ約 154ha、第 2 ステージ約 66ha の合計 220ha である[22]。

　このように、ベトナム北部でのタンロン工業団地Ⅰ・Ⅱの存在感は大きく、そこへ多くの日系企業が集積している。とりわけタンロン工業団地Ⅰは、外資導入によるベトナム北部工業発展のまさに象徴であるとも言える。さらには、それによるベトナムの経済・社会に与える影響にも大きなものがあることが指摘できる。これについては、①輸出・外貨獲得面での貢献、②入居企業による直接投資累積額の大きさ、③生産・品質管理等のベトナムへの技術移転、④日越官民一体化による工業化・都市化、⑤地域社会の発展への貢献（幼稚園・職業訓練学校の建設、初等教育機関への寄付等）、⑥雇用創出の 6 点である[23]。なかでも、入居企業の多くが輸出志向であるために、輸出・外貨獲得能力には大きなものがある。これに関して、一部のデータが明示されており、それによると、2010 年の輸出額は約 23.1 億ドル、2011 年はおよそ 22.6 億ドルでベトナム輸出額全体の 2.3％ を占めている[24]。また、2012 年 4 月末

---

22) ジェトロ・ハノイ事務所、前掲書、ではタンロン工業団地Ⅱについて、第一期開発面積 220ha、第二期開発面積 126ha（予定）で、総開発面積が 345.2ha と説明されている（106 ページ）。
23) 「会社概要」より。
24) とはいえ、ハノイ東隣のバクニン省にはサムソン電子が立地し、携帯電話を中心に製造・組立している。2011 年にはサムソン 1 社だけで 60 億米ドルを輸出し、それはタンロン工業団地全体の輸出額の 3 倍に上る。2012 年には輸出額が 100 億ドルに達する見込みとされ、そうなれば同社のみでベトナム輸出額の十分の一を占めるだろう、という（Thang Long Industrial Park corporation での面談に基づく）。
　さらに、サムソン電子グループの 2016 年の輸出額は 399 億ドル（約 4 兆 4,748 億円）もの巨額に達し、そのうちの 362 億ドルはバクニン省とタイグエン省にある同社工場からの輸出だった。同グループでの輸出比率はベトナム輸出総額の実に 22.7％ に上ると伝えられている（http://www.sankeibiz.jp/macro/news/170209/mcb1702090500001-nl.htm

での立地企業による直接投資総額は20.3億ドル、直接的な雇用者数は約62,000名に及んでいる。

　タンロン工業団地Ⅰへの入居企業数は、ヒアリング時点で104社もあり、うち製造業が77社で、そのなかの75社が日系企業である。残る2社はシンガポールとマレーシアの企業が1社ずつという入居構成である。日系製造業のなかには、2001年4月に設立されたキヤノンがあり、20haという広大な工場でインクジェットプリンターを製造し、全量輸出している。立地場所にハノイを選択した「キヤノンの判断は、当初意外なものとして受け取られた」が、「キヤノンの立地を見て北部への投資を決める企業もあり、さらなる投資をベトナム北部にもたらす呼び水[25]」となった。タンロン工業団地Ⅰには、このほか、パナソニック（2工場）が白物家電・電話機・電子部品、ヤマハ発動機が二輪車用の鋳鍛造部品、HOYAはHDDガラスディスク・携帯電話部品を製造し、また二・四輪車用の各種部品や金型等を製造する中小企業も入居している[26]。立地工場の仕向け先を調べてみると、工場総数67社のうち、国内型9社、輸出・国内型13社、そして残る45社は輸出を専らとしている[27]。ここからは、タンロン工業団地Ⅰ入居企業の7割弱は輸出専業であることが判明した。ベトナムの国内需要向けや輸出・国内型企業も存在するが、現状では100％輸出の企業が大部分であることが明白となっている。なお、同団内には、物流センターのドラゴンロジスティックスに加えて、鋼板加工のハノイスチールセンターがあり、金属加工業の集積がほとんど見られないベトナムに進出した日系企業の不安感を払拭すべき役割を果たしている。

　このほか、団地内の事務棟には27社が入る「サービス事務所」がある。「サ

2017年8月5日閲覧）。
25）長崎、前掲論文、120ページ。
26）キヤノンの事例に関しては、辻田素子「ベトナム北部に進出する日本企業」（監修（社）経営労働協会／関・池部編、前掲書、274～279ページ）が詳しい。なお、同団地入居企業についての2009年3月でのヒアリング事例紹介としては、古田秋田郎・中村雅章・吉田康英「在ベトナム日系企業インタビュー調査」中京大学『中京企業研究』31号、2009年12月、129～148ページがある。
27）住友商事提供資料より作成。

ービス事務所」は工場に対し各種サービスを提供する企業であって、そのなかには機械・電子部品の専門商社、工場の中のロボットや機械のメンテナンスに携わっているファナック、人材を扱う企業（製造業請負や人材教育等々）、そして銀行などがある。タンロン工業団地Ⅰでの日本人駐在員総数はおよそ450名であるが、入居企業での新規ラインの立ち上げ時になれば600名に達することもある。

　タンロン工業団地Ⅰのなかで、筆者が注目するのは集合型の貸工場「タンロンアパートメントファクトリー」(Thang Long Apartment Factory：TLAF) である。当初は、標準型の貸工場として、6,000㎡の敷地に床面積が2,000㎡の建屋を1棟建設しこれを貸し出す予定であったが、2009年からの顕著な傾向として2,000㎡では広すぎるというが声が急増し、これへの対応に迫られたものである。中小規模での投資に応じるために、長屋式の小さな広さでの貸工場を建設することに方針を転換し、2010年秋に着工、2011年4月に竣工を見た。一つの貸工場は間口20m、奥行きが25m、広さが500㎡である。TLAFでは、駐輪場をはさんで工場棟が二つあり、その二棟に合わせて11ユニットの貸工場がある。賃貸料は㎡あたり、7米ドルと安価であることからも、反響が大きかった[28]。Thang Long Industrial Park Corporationでは、さらに、2012年5月に「タンロンアパートメントファクトリー2」(TLAF2) として4つの貸工場を完成させた。TLAFは言うに及ばず、TLAF2もすぐに完売した。さらに、中小企業による貸工場への問い合わせの多いことを受けて、2015年6月にはTLAF3が完成している。

　この貸工場に入居している企業を一覧したものが、次の**図表3-13**である。HOYAのような大企業から、大手の自動車部品企業、そして日本各地から中小企業がTLAF及びTLAF2に進出している。

　TLAFには、例えば、静岡市に本社のあるSUS株式会社が100％出資で現地法人のStandard Units Supply (Vietnam) Co.,Ltd.（略称：SUS Vietnam）を設立させ、2011年9月1日より営業を開始している。SUS株式会社はFA（ファクト

---

28) とりわけ、2011年3月11日の東北大震災以降、引き合いが急に増えた。

図表 3-13 　TLAF および TLAF2 の入居企業

	日本本社名	日本本社の所在地	日本本社の従業員数	日本本社の資本金(100万円)	日本本社の主な事業内容
TLAF	㈲ノダ	大阪市生野区	15 名	10	金型製作（ゴム金型）
TLAF	HOYA ㈱	東京都新宿区	32,363 名（連結）	6,264	総合光学メーカー
TLAF	SUS ㈱	静岡市	497 名	392	ＦＡ向け機械装置・機器製品、アルミ製住宅
TLAF	特殊梯子製作所㈲	神戸市長田区		6	昇降梯子、昇降用オーダー梯子
TLAF	㈱金山製作所	京都市山科区	42 名	10	各種精密部品の加工組み立て
TLAF	㈲吉中精工	福井市	10 名	5	金型製作、金型部品加工、組立、試作成形
TLAF	サンコーテクノ㈱	千葉県流山市	307 名	768	建設用締結資材
TLAF	㈱光彩工芸	山梨県甲斐市	102 名	602	貴金属アクセサリー
TLAF	豊田バンモップス㈱	愛知県岡崎市	305 名	481	ダイヤモンドロータリー、ドレッサ及び超砥粒ホィール
TLAF	Ａ社	大阪	——	40	非鉄金属精密部品
TLAF	三桜工業㈱	東京都渋谷区	2,130 名	3,481	自動車用の集合配管、FIR、樹脂部品、車輌安全部品
TLAF2	㈱カモガワ	京都市南区	60 名	10	製造業に携わる機械工具、機械工具専門商社
TLAF2	Ｂ社	山形		60	精密機械部品
TLAF2	Ｃ社	愛知	——	10	精密金型
TLAF2	Ｄ社	大阪	——	78	産業機械部品

（出所）匿名企業の記載内容は Thang Long Industrial Park corporation 提供資料に基づくが、その他の記載事項（企業名が明示してあるもの）に関してはいずれについても筆者が各社のホームページを参照しつつ作成した。

リーオートメーション）向けのアルミ機器製品ならびにユニット機器製品の設計開発、製造・販売を中心とした業務内容で、日本国内に4製造拠点、6事業所、そして9営業所を擁している（2012年4月1日現在で、従業員数は497名）。SUSは2001年に子会社をタイに設立して以降、海外での事業活動を急速に展開するに至った。タイのほか、シンガポール（1997年）、中国・蘇州（2004年）、マレーシア（2008年）、台湾（2009年）、そしてベトナム（2011年）と東南アジア各地で積極果敢にグローバルな事業展開を進めている。

SUS Vietnam では、日系企業のベトナム進出への関心の高まりを背景に工場の自動化需要が見込めることから、アルミフレームや電動シリンダの販売のほか、工場内オートメーション整備への提案営業に努めるとしている。

また、2002 年には日本の本社内に新規 HA（ホームオートメーション）事業部門 ecoms（エコムス）を立ち上げて、建築用アルミ部材の設計・開発、製造、販売にも進出している。このように、SUS は日本国内外の経営環境に敏感に反応し、ダイナミックかつスピード感のある事業活動を行っている企業として特筆できる[29]。

また、㈲吉中精工は、昭和 30 年に吉中製作所として繊維機械のロール部品を製作し、のち昭和 63 年には有限会社吉中精工へ社名変更したうえで金型事業をあらたに開始したものである。同社は、福井市に本社があり従業員数がわずか 10 名、主要製品には小物エンプラ用の精密焼入れ型の設計・製作のほか、自動車用部品、電子部品、カメラ部品、OA 部品などがある。典型的な小企業ではあるものの、同社は 2011 年 8 月に TLAF 内に Y.H SEIKO VIETNAM JSC（略称 Y.H.V）設立し、ベトナム進出を実現した。資本金 89 万ドルでのスタートであり、100 トン以下の小物精密インジェクション金型の設計・試作・成型を中心に事業展開をすすめている[30]。

しかしながら、タンロン工業団地のなかからも、いくつかの問題点が指摘される。その第一は、ベトナム側による不透明な行政サービスである。担当の地方政府が手続きを十分に明示しない、基準があいまい、解釈の余地が大きいなどの不満が見られる。第二は、安定的な労働力の確保がとりわけ大工場では次第に困難になりつつあることと労働争議の増加傾向である。物価の上昇傾向が著しいことを背景にこのような労働争議の増加傾向はこのところ

---

29) SUS に関しては、同社代表取締役社長石田保夫氏への面談（2012 年 10 月 22 日、静岡市にて）ならびに同社提供資料、ホームページ（http://www.sus.co.jp/company/history.php；2012 年 10 月 20 日閲覧）を参照した。
30) Y.H.V の資本構成は、㈲吉中精工 70.34%、㈱日嶋精型 19.77%、㈱兼松 KGK9.89% である。概要については、主に同社のホームページを参照した（http:www.yoshinaka-seiko.co.jp/?page_id＝184；2012 年 10 月 24 日閲覧）。

日系や外資系企業に目立つようになっている[31]。そして、第三は、電力インフラ整備の不十分さである。政府から"優先的に供給を受ける"とのことではあるが、今のところ計画停電はないものの、2010 年には開業以来初めてとなる停電を 2 日間経験した。とはいえ、このようなことは改めて述べるまでもなく、ベトナムの工業団地全体に共通して指摘される問題点でもある。

(4) 野村ハイフォン工業団地

さらに、野村ハイフォン工業団地はベトナムでの外資系工業団地の第 1 号として知られる。1994 年 12 月 23 日に投資許可が出され、1997 年に開設された。総開発面積は 153ha であり、賃貸期間は 2044 年までの 50 年間（投資許可の得られた 1994 年からカウントされる）である。これは、ベトナム第三の中央直轄都市であるハイフォン市にあって、ハノイから東に国道 5 号線で約 89km、自動車による所要時間がおよそ 1 時間半〜2 時間のところに建設されている。ベトナム北部で最大のハイフォン港にも 15km と近く、ここもまた交通の要衝に位置すると言ってよい。

同団地の開発会社である野村ハイフォン工業開発会社（NHIZ）には、ハイフォン市人民委員会（Haiphong Peoples Committee）が 30％、そして野村アジアインベストメント（Nomura Asia Investment (Vietnam) Pte. Ltd.）が 70％出資する、事実上野村ホールディングスとハイフォン市との合弁企業である[32]。

NHIZ の経済規模は先に見たタンロン工業団地ほどではないものの、全体での従業員総数が約 2 万人、テナントによる生産額が 8.5 億ドルという巨額に達し、ハイフォン市の貿易額のおよそ 3.5 割を扱っているとされる（2011 年度）[33]。2012 年現在で 54 社が入居しており（土地をリースされているもの）、

---

31) タンロン工業団地内での労働争議件数は、2008 年 13 件、2011 年 12 件と推移し、2012 年 8 月まででは 5 件発生している。また、団地内ワーカー・レベルの初任給は目下 300 万ドンで、2008 年と比べると 2 倍以上になっている（Thang Long Industrial Park Corporation での面談に基づく、2012 年 8 月 21 日）。
32) 野村アジアインベストメントには野村ホールディングスとベンチャーキャピタルのジャフコが共同出資している。
33) 野村ハイフォン工業団地開発会社『ベトナムの投資・経済環境』2012 年、10 ページ。

そのうち日系が 48 社と大半を占めている。残る 6 社は、台湾のほか、オランダ、アメリカ、韓国、香港、ノルウェーがそれぞれ 1 社ずつである。日系企業には、エアバック・四輪ハンドル製造の豊田合成、携帯電話・カーオーディオ等の東北パイオニアなど機械機器・同部品製造関連が 24 社と最も多いが、板金加工やベアリング製造といった金属加工が 10 社、あるいは鞄や線香等々の雑貨類の製造も同じく 10 社、さらに繊維関連やプラスチック・樹脂関連と幅広い業種から構成されている[34]。これらのなかには、貸し工場としての標準工場（standard factory）に入居しているものも含まれている。標準工場には、6 社が入っており、空きが 5 フロアある。標準工場内の各ユニットは広さが 1,500 ㎡で、一ヶ月の賃貸料が約 57~63 万円（6,800~7,500 米ドル）という[35]。また、管理事務棟内にあるビジネスセンターには物流企業を中心に 8 社が入居している。

　NHIZ はその開業直後にアジア通貨危機が発生したことからしばらくは企業の入居が進まなかったが、それ以降での円高の進展や周辺インフラの漸進的整備に伴い、上述のように、面談当時では標準工場の 5 フロアを除いて、入居率は 100% であった。

---

34) ジェトロ・ハノイ事務所、前掲書ならびに野村ハイフォン工業団地開発会社提供資料に基づく。
35) 野村ハイフォン工業団地会社でのインタビュー調査に基づく（2011 年 5 月 5 日とその後のアップデート）。
　なお、筆者がタイのアマタナコン工業団地内の大田テクノパーク（OTP）にある連棟式貸工場を調査した折に聞いた話では、工場 1 ユニットの広さが 320 ㎡で一ヶ月当たりの賃貸料が 64,000 バーツ（およそ 20 万円弱）ということであったから（前田啓一「タイの外資導入政策と我が国基盤技術型中小製造業のグローバル展開について」『大阪商業大学論集』第 6 巻第 1 号、2010 年 6 月、26 ページ）〈後日、本論文を大幅に圧縮し加筆修正したものを「タイにおける日系製造業のグローバル事業展開」と改題のうえ、山﨑勇治・嶋田巧編著『世界経済危機における日系企業――多様化する状況への新たな戦略――』ミネルヴァ書房、2012 年 11 月の第 9 章に収録〉、ハノイでのこの標準工場はその面積という点ではかなり広いことになる。

4　日系工業団地に入居する日系企業の事例
　　──野村ハイフォン工業団地──

　本節では以下、野村ハイフォン工業団地に入居する日系企業についていくつかの事例を見ていこう。

① A 社

　A 社は、東京都港区に本社を置く大企業の海外生産子会社である[36]。日本での主要な生産拠点としては岐阜県美濃市に第一から第六工場までと鎌倉工場、姫路工場があり、さらに 2008 年には岐阜県土岐市に新工場用地を取得した。海外には、アメリカ、オランダ、中国に販売子会社、そしてタイのバンコクにも駐在員事務所がある。

　これまで日本国内での生産体制を重視していた日本本社が、ベトナムのハイフォンに A 社を設立したのは 2006 年のことである。進出先として、中国やタイもその選択肢にあったものの、2005 年に中国で反日デモがあったことなどから、結果としてベトナムが選ばれた。NHIZ への入居が決められた理由ついて、第一には当社に先立って日本国内での協力会社が NHIZ へすでに進出しており、各種の情報等が得られたことと日系工業団地への信頼感があったことによるところが大きい。第二は、NHIZ 内に発電所のあること。第三はハイフォン港に近いことを指摘している。

　日本本社の営業品目は大別して、針状ころ軸受（ニードルベアリング）、直動案内機器（直動シリーズ）同じく直動案内機器（メカトロシリーズ）の 3 つに分けられる。ニードルベアリングは、ボール状ではなくて針状（ころ状）のベアリングを指す。ころ状であることから、回転運動によるために接触面積が大きくなる。したがって、高加重を受けることができ、全体の製品形状をコンパクトに抑えることができる。ロボットやバイクの部品として数多く使用されており、昭和 25 年の創業以来の代表的製品である。二番目の直動

---

36) 2011 年におけるインタビュー調査及び同社提供資料に基づく。

案内機器（直動シリーズ）は、直線運動の摩擦を低減させる機械装置の位置決め機構に欠かせない機械要素部品であり、幅広い分野の製品類に組み込まれている。三番目の直動案内機器（メカトロシリーズ）は、精密加工技術とエレクトロニクスの融合により生まれた製品である。具体的には、リニアウェイ、リニアモータ、ボールねじ、電装関係をセットにして販売するものである。日本国内での主力製品は二番目の直動案内機器（直動シリーズ）があり、ついでニードルベアリングである。

　ハイフォン工場では、一部ニードルベアリングの生産も含まれるが、直動シリーズに含まれる小型リニアウェイ関連が売り上げの大半を占めている。ベトナムでの小型リニアウェイの生産は、日本国内工場からの生産ラインを移管したものではなく、日本での需要増加に基づいて新たに設置したものである。したがって、製品の全ては最終的には日本国内のユーザー向けに販売され、ベトナム国内やタイ、中国に販売は行っていない。すなわち、部品の全量が日本の工場から供給され、ハイフォン工場ではそれらをアセンブルののち検査・包装し、日本の本社工場に送り返し、抜き取り検査の後、made in Japanとして出荷される。つまり、日本との国際分業関係で言えば、ベトナムは完全に組立輸出工場としての位置付けにある。

　A社のこのような位置付けに関しては、ベアリング・メーカーとして高い精度と品質が求められることから、外注加工は行わないし、"将来は一貫生産を目指したい"という方針とも関連する。このような姿勢は適切な外注先が現地で見つからなかったということではなく、品質確保上の観点から、進出当初より、社内工程で行うことが前提とされていたのである。したがって、進出日系中小企業からの調達はほとんどない。また、地元のローカル工場から購入可能なものは作業手袋、マスク、安全靴、ボールペン、紙程度に留まっており、ベアリングという製品に関わるところでの調達できうるものはない。外注を行わず地場企業からの調達もないということになれば、トータルコストを引き下げるというメリットはほとんどない。当社がベトナムに進出したのは、コストの面からが理由ではなく、ワーカーレベルでの労働力化確保の観点からである。すなわち、この業界は繁閑の差が大きく、"なかなか人が

定着せず、技術も向上しない"との問題がある。そこで、勤勉で手先の器用な女性労働力がまだまだ豊富なベトナムに着目したのであった。

　現在は売れ行きが好調で、今ある工場の裏手に新たな工場を増築中であった（2015 年 10 月に第 3 工場が操業開始予定）。新工場が完成すると、いまより床面積が 3 倍となる。この新工場では部品を仕上げるための研削を行おうとするもので、さらに熱処理工程に関してもここで行うべく検討が進められている。なお、現在の従業員数は約 250 名であるが、工場増築後には 450 名程度が想定されている。現在、駐在する日本人の数については、最初の工場立ち上げ時では 3 名体制であったものの、その後における業務の繁閑に応じて 2 名となり、現在では President の 1 名のみとなった[37]。ただ、教育に力を注いだ結果、社内公用語は日本語が可能となっているとともに、80 名のベトナム人が日本の国内工場で 3 年間の研修中であり、今後については彼らに対する期待感が大きい。

　当社の経営課題には、大きく分けて二つある。その第一は、賃金が毎年 20 数 ％ 上昇することと、そして第二に電力供給が不安定であることが指摘された。とはいえ、この双方はベトナムに進出している他企業と共通する。

② Advanced Technology Haiphong Inc.

　Advanced Technology Haiphong Inc.（以下、ATH と略）は、東大阪市に本社がある三和電子機器株式会社のベトナムにおける生産子会社である[38]。"SANWA" ブランドで知られる模型用ラジコン製品などの電子遠隔制御機器メーカーである三和電子機器はラジオコントロール（自社ブランド）、リモートコントロール（OEM 供給）の民生・産業機器用コントロールユニットの開発設計、製造、販売、サービスに携わっている。事業内容を大別すると、ラジコン・ロボット部門、リモコン部門、そして特機部門の三つとなる。

---

37) 2015 年の時点では、従業員数 655 名、うち日本人が 6 名であった。
38) 三和電子機器株式会社の企業概要については、東大阪商工会議所『続・きんぼし東大阪──独自技術とユニーク企業 61 社──』2000 年ならびに同社ホームページ（http://www.sanwa-denshi.co.jp/company-01.htm；2011 年 5 月 1 日閲覧）を参考にした。

ATH には 2005 年 7 月 4 日に投資ライセンスが与えられ、NHIZ の標準工場に入居した[39]。この工場では、主に各種リモコンのアセンブルを行っており、およそ 20 品目で月産 2.5 万ユニットの生産体制である。従業員は約 70 名であるが、日本人は Director1 名と工場長 1 名が常駐する。

　当社の部品調達に関しては全て外注である。電子部品についてはそのほとんどを日系進出商社に依存しているが、これ以外のラベル、ケース、バネ、小さいプレス部品はベトナム北部に進出している台湾系 4 社とマレーシア系 2 社に、ただしダンボール類に関しては王子製紙の現地子会社である Ojitex Haiphong Co.,Ltd. から購入している。そして完成品のほぼ全量が made-in-Vietnam として日本本社に輸出されている。

　ところで、ベトナムの地場企業については、工場内の清掃が行き届いていないところが多く、あるいは制服のないところもあって、"第一印象でまだダメ"で、ほとんど"値段の話にまで及ばない"。現在のところは、簡単な化粧箱のみをローカル企業から調達しているに留まる。また成型メーカーは多数あるものの、ベトナムで金型を作れるところはほとんどなく、金型の調達先についてはいきおい台湾か中国かとの選択肢になるという。

　労務面での課題としては、当社ではまだ起こってはいないものの、ベトナムではストライキが近年多発していることと（2011 年 4 月には NHIZ 内のある企業で 5 日間にわたってストライキが行われた）、賃金が最近ではかなり上がってきていることである。賃金上昇についてはこのところでの生活水準の向上により政府の定める最低賃金が生活実態とそぐわないこともあって、企業側が最低賃金を守りさえすれば良いとの態度が出てしまうと、ストライキを誘発してしまうとのことである。

③ EBA Machinery Corporation

　EBA Machinery Corporation（以下、EBA）は、三重県員弁郡に本社のあるエバ工業株式会社が 2004 年にハイフォンの NHIZ に設立したベトナムの子会社

---

39) 以下、ATH の説明については、2011 年の面談記録に基づく。

である。エバ工業は、1953年に板金、プレス、製缶を主たる業種として創業された江場工業所を前身とする。同社は現在の従業員数が233名（2008年4月）で、マシニングセンター周辺機器のパレットプールやツールマガジンを自社製品としているほか、受託製品には横型マシニングセンター、自動車向け専用機、繊維機械、半導体関連機械などがある[40]。

エバ工業ではかねてから鋳造部品に関しては自社内に鋳造事業部をもつことで対応してきたが、日本国内での鋳造業者の減少等によって将来についての展望がもてなくなり、1997年には鋳造事業部の廃止の止む無きに至った。そこで鋳造工程の海外生産を考え始め、当初は中国も検討したが、最終的には有力な日系鋳造メーカー（VINA-JAPAN ENGINEERING LTD）が近隣に存在していることを知り、ハイフォンに進出することを決定した。

ベトナムを選んだ理由についてはベトナム人の宗教観が日本人に近いこと、近隣諸国よりも安全であること、政治的にも安定しており政府が外資の要求に対応する柔軟性を持っていることが指摘された。そして、ハイフォンに関しては、上述の通り、近隣での鋳造メーカーの存在、港湾との近接性、そしてこの町が重工業を中心に発展してきたことから技術を学習・経験した若い男性労働力が豊富に存在していることが挙げられる[41]。2011年5月のインタビューの時点では、工場内での設計、溶接、機械加工、塗装までの工程に関してはある程度こなすことができるようになっており、これからは組立を指導していきたいとのことであった。

このベトナム工場は当初は日本の完成品のための部品供給拠点と考えられていたが、従業員の優秀さやベトナムの市場規模が大きいことから、考え方を転換し、今後はベトナム国内の日系を中心とする顧客や、海外の顧客から直接受注できる工場へ進化させ、本社依存型から独立する経営戦略のシフト

---

40) エバ工業株式会社のホームページなどを参照（http://www.eba.co.jp/company/guide/index.html；2011年5月1日閲覧）。

41) EBA MACHINERY CORPORATION の General Manager である Y 氏とのインタビューによる（2011年5月5日）。Y氏は2003年の着任以来、ベトナム駐在を続けておられる。2015年2月9日にも再度訪問した。

第 3 章　北部日系工業団地における日系中小企業の事業展開——ハノイとハイフォンを中心に——

に伴い、国際分業の方向性が大きく変わろうとしている。

　さらに、エバ工業がこの地に進出したのは単に人件費の安さによるのではないことが特筆できる。General Manager の説明によると、"社内での給与水準がまだ低いことから、従業員に対する教育に十分の時間と手間をかけることができる" ことである（2015 年 5 月でのヒアリング当時の従業員数は 251 名）。当社では、日本語を社内公用語としていることもあって、入社後の 2 ヶ月間は仕事を与えずに日本語のみの研修を受けさせる。その結果、社内に通訳がいなくとも、現在では "日本語のできる従業員が 3 割" に達し、"どこの部署においても通訳できる人が存在するようになった。" 受注生産をベースとしているので、仕事内容が毎日変化し、そのため業務内容のマニュアル化や標準化が困難である。"したがって、客からの図面を読みこなす能力形成が必要になる"。当社では進出の当初、ジョブホッピングで毎年 3 割くらいの従業員が辞めていくだろうと想像していたが、"従業員はほとんど辞めない"。ベトナム人は向上心が強いことから、企業内での教育機会が継続的にあってその仕事のスペシャリストになれるという期待感もあり、しかも日本への研修派遣のチャンスもあれば、当社での勤務を続けたいとのモチベーションが生まれる。NHIZ で半導体関連機械の製造を行っているローツェ・ロボテック（Rorze Robotech Co.,Ltd.）とシチズンマシナリー・ベトナム（Citizen Machinary Vietnam Co., Ltd.）の 2 社も同じような考え方での教育システムを導入している。教育を重視していることから、当社では単純労働を行うワーカーは存在せず、みな技術者かテクニシャンレベルの従業員である。賃金水準は、"周辺の 2 ～ 3 倍" にもなる。とはいえ、教育をすれば必ず試験を受けさせるため不合格のものには昇給はない（しかし、給与水準の低い従業員には不合格の場合でも昇給を行っている）。結局のところ、General Manager はベトナム人が "純粋で新しいことを教えやすく"、"製造業にとり、ベトナムは非常に魅力的" だと総括している。

　最後に、当社ではベトナムにおいては鉄の精製ができないゆえに、原材料の調達が困難であることを強調していた。

④ B社

　東京都大田区の本社企業は、日本国内では茨城県つくば市に2ヶ所の工場をもつ。主要な生産品目は、エンジンマネジメント関連（高圧ポンプとインジェクタの部品）およびサーモタット関連からなる自動車関連部品、モータ関連の軸受けとパソコン関連部品、そして充填材入り四フッ化エチレン樹脂の3分野から構成される。同社は、2006年6月にB社を設立した。2010年3月の従業員数は480名であるが、ヒアリング時では420名、うち日本人の常駐者は3名である[42]。

　NHIZ内のベトナム工場では、品目としては日本と同じものを生産している。ただし、日本の工場では個数の少ない単発もののシャフトなど試作関係が多く、一方ベトナムにおいては数の多い量産ものを製造するという国際分業を行っている。ベトナムで生産されたもののおよそ9割は日本本社に出荷され、残りは東南アジアや欧米向である。

　当社がハイフォンに進出した理由については、かつて保有していたフィリピン工場に対する治安面での不安からの代替生産地としての選択と、港に近いことによることが指摘された。ローカル企業から現地調達が可能なものは、作業用の帽子や服程度であり、"生産に直接関わるものは使えない"（General Director）。そして、"材料面はとくに粗悪"との評価である。

　さらに、ベトナム北部の非日系工業団地内で操業している日本の中小企業1社についても簡単に紹介しておこう。

　ここでは、ハノイ市内から距離にして24キロメートル離れたホウノイA工業団地（Pho Noi A Industrial Park）内に入居しているKONISHI VIETNAM Co.,LTD（以下、KONISHI VIETNAM）の事例を見たい。この工業団地の事業主体はホウノイA工業団地開発管理会社であり、ベトナムが開発した工業団地である。

　KONISHI VIETNAMは、大阪府堺市にある、ボールベアリングメーカー株

42）B社でのインタビュー（2011年）。

式会社小西製作所の製造子会社である。小西製作所は MRK との自社ブランドを有し、NTN やダイキン、クボタ、不二越等々に精密ベアリングを販売している。

　2005 年 11 月に KONISHI VIETNAM が設立され、2006 年 10 月 1 日に操業を開始した。ヒアリング時での従業員数は約 80 名である[43]。ベトナム工場では、各種ベアリング部品の研磨等の精密加工を中心とし、現在では電動アシスト自転車用センサーコイルの組立にも月産 2〜3 万個のペースで従事している。ベアリング部品とセンサーコイルについては全量を日本向けに輸出しているが、このほか若干の治具に関してはその製品をベトナムに進出している日系メーカーに販売している。

　当工場での現地調達率はおよそ 7 割と結構高い。ただ、金型に関しては日本から輸入せざるを得ないし、材料の銅や錫が入手困難であるほか、ボールベアリングの精密加工が難しいとのことである。なお、電力供給に関しては困難を感じている。昨年には計画停電が 1 週間のうち 2 回もあって、"たいへんだった"ので、現在も節電に努めている。

5　おわりに

　以上、我々は本章において、ベトナム北部にはかなりの数の工業団地が存在しており、それらのなかには相当数の外資系企業が入居している事実を説明してきた。しかしながら、ベトナム中小企業白書からでも明らかなように所有形態別に従事する従業員数を検討してみると、国有企業が大幅に低下している反面で、非国有企業の存在感が急激に上昇していることが判明する。そのような産業構造上の激変のなかにあって、外資系企業は非国有企業の圧倒的な比重には及ばないものの、最近の 10 年間でその比率が 2 倍にも膨らんでいた。また、ベトナムへの直接投資のなかで日本企業によるものは大きな地位を占めており、日系工業団地を中心に進出日系企業が多数集積してい

---

[43] KONISHI VIETNAM Co.,LTD での面談（2011 年 5 月 4 日；General Director）。

ることが明白となった。そのなかで、本章においてはタンロン工業団地と野村ハイフォン工業団地での入居企業の実態について解明してきた。

これら工業団地に入居している日系企業の事例分析を通じて明らかになったことは次のことである。

その第一は、野村ハイフォン工業団地入居企業で見ると、例えばA社、ATH、B社のように、輸出加工組立型企業の産業立地が多いのは事実である。とはいえ、そのなかにあって、EBAのようにハノイ立地を単なる輸出加工組立拠点としてではなく、近い将来での課題としてベトナム国内の需要開拓に努めたいとする企業も見られた。ただ、その場合には、ベトナムに進出している日系企業への販売が主たる狙いであるという事実を指摘しておかなければならない。限られた数の事例であるとはいえ、大部分の進出企業では日本への輸出を前提としたものであったのは否めないし、その意味ではベトナムが現状では日本企業にとってあくまでも生産輸出拠点としての位置付けであるというのは厳然たる事実であった。さらに、ベトナムからアメリカやASEAN諸国に輸出しているケースもほとんど聞かれなかったことから、ベトナムで生産された完成品・部品がアメリカへはもとより、ASEAN域内での国際分業を展開しようとする日本の自動車や家電産業等に未だ戦略的に組み込まれていないことが明らかであろう。

そして第二に、進出日系企業の現地調査や外注取引関係を見ると、多くの企業ではせいぜい手袋やマスク等工場内で作業用に使用するものや梱包用の箱に留まり、製造工程そのものに必要な部品加工や部品・部材調達は困難をきわめている。したがって、この点だけからすれば日本製造業のベトナム進出のコストメリットは小さい。むしろ、労働力の質などに着目した進出メリットを強調すべきであろう。とはいえ、ATHや小西製作所の事例で見られたように、日系企業を中心にその多くを現地進出企業から購買するなどしている中小企業の事例もある。

私にとっての次の課題は、ベトナムにおける裾野産業の着実な成長が今後見られるかどうかである。基盤的技術はむろん、一定の層の厚みをもった中小企業集積の形成が持続的に生じていくためには、ある程度の技術レベルを

備えたローカル企業の成長を促す必要がある。そして、そのような地場企業の育成こそが望まれる。

　さらには、国際分業上でのベトナムの立ち位置を検討していく必要もあろう。ベトナムが日本企業にとっての単なる加工組立・日本への逆輸入拠点に留まっている限りでは、国際的な従属的発展の途を歩むほかない。自動車産業が高度に集積するタイへの自動車部品・部材等々の輸出やその外注先としての発展、さらにはFTA網を活用するアメリカ・EU・ASEAN等への輸出拡大の方向も模索されねばならない。この点に関しては、本書第1章ですでに論じてきた。

第4章　中小企業政策の現況と
　　　　北部での基盤的技術分野の勃興

1　はじめに

　ベトナム中小企業についての情報は日本では得難く、そのため、ベトナム進出に躊躇する日本企業も少なからず存在すると思われる。ベトナム政府は2008年頃より、裾野産業育成政策を積極的に推進するようになった。とはいえ、今日にあってもベトナム中小企業政策や振興政策についての情報はなお少ない現状にある。そもそも、そのような政策や振興策がベトナムにあるのかと疑う人すら少なくないと考えられる。

　本章では、ベトナム中小企業政策の現況についてまとめるとともに、現地でのヒアリング情報等も加味して、それに整理・検討を加える。そのうえで、ベトナム北部において2000年以降に基盤的技術分野での新規創業が金型産業などで増加している事実を明らかにする。

2　ベトナム中小企業の現状把握と中小企業振興政策

(1) ベトナム中小企業の現状把握

　ベトナムでの中小企業の実態把握には困難がつきまとう。2009年公布の政令56号によって中小企業の明確な範囲が定められたものの、これとてその定義に曖昧さを残している[1]。また、企業数の把握についても、登録企業数は

---

1) ベトナム中小企業白書では各年版での中小企業の量的定義に関する英語表記がマチマチに異なる。例えば、大規模企業の従業員数について2011年版は more than 300 (300人以上) とされているのに (p.31)、2014年版では over 300 (300人超) と記載され

掌握されているが、膨大な数があると見られる家族経営・自営業の未登録企業が存在していること。さらに、倒産や廃業などの理由により、消滅した企業の登録抹消手続はいまだ確立していない。加えて、複数の業種に登録しながらも、実際にはそのうちの 1 業種にだけ従事する企業も多い。このような様々な理由から、業種別での中小企業数を正確に把握するのは困難である。

　ベトナムにおいて初めての大規模な事業所調査が行われたのは 1995 年のことであるとされる。統計総局（GSO；General Statistical Office）が実施したものについて、計画投資省が推計した本調査結果によれば、製造業の企業数は 8,577 社、うち中小企業数は 7,373 社であった[2]。

　また、ハノイ中小企業技術支援センター（TAC Hanoi）の設立計画策定に先立って、TAC Hanoi 事務局が計画投資省ならびに中小企業開発庁（ASMED）とともに行ったベトナム北部 30 省全数企業調査がある。その結果は 2005 年 11 月に主要なデータのみに限って外部に公表された[3]。

　その結果概要によれば、調査対象企業数（質問表に回答をよせた企業の数）は、2004 年 12 月 31 日時点におけるベトナム北部 30 省での登録全企業数 63,760 社のうち、41,102 社であった[4]。このベトナム北部のみのデータからも、1995 年と比較して 10 年も経たずして企業数の驚くべき増加が明らかとなった。調査対象企業 41,102 社のうち、従業員数でみた中小企業は 40,429 社で 98.4%、そして資本金でみた中小企業は 39,336 社（95.7%）である。いずれにしても、ベトナム企業のほとんどが中小企業に分類される[5]。

　　(p.39)、微妙に異なる（さらに、2009 年版では定義そのものの記載が見当たらない）。これはベトナム語から英語への翻訳過程におけるケアレスミスかもしれないが、白書における英語版の一層の精査ならびに各号での統一性が求められる。このような過ちを放置し続けると、ベトナム中小企業政策そのものへの信頼性を損ないかねない。
2 ）㈱野村総合研究所・㈶素形材センター『ヴィエトナム国中小企業振興計画調査報告書』1999 年 12 月、Ⅰ-2-2 ページ。
3 ）独立行政法人国際協力機構経済開発部『ベトナム社会主義共和国中小企業技術支援センタープロジェクト事前調査報告書』2006 年 6 月、18～22 ページ。
4 ）残り 22,658 社のうち、1,806 社は会社清算・廃業が確認されたもの、そして残余の 20,852 社は宛先不明などで調査対象外となったものである。
5 ）ここでの分類は、政令 56 号に先立つ政令 90 号によるものである。すなわち、政令 90 号によれば、中小企業の定義は「資本金 100 億 VDN 以下、従業員 300 名以下」とされ

第 4 章　中小企業政策の現況と北部での基盤的技術分野の勃興

図表 4-1　ベトナム北部 30 省　企業の業種別分布

業種分類	企業数（社）	全業種に占める比率（％）	製造業に占める比率（％）
機械および機械部品製造	346	0.84	3.15
機械要素および付属品製造	1,196	2.91	10.88
自動車製造	41	0.10	0.37
自動二輪製造	31	0.08	0.28
機械関連　小計	1,614	3.93	14.68
電気機器および器具製造	173	0.42	1.57
電子機器および器具製造	214	0.52	1.95
電気／電子関連　小計	387	0.94	3.52
農林加工品製造	2,527	6.15	22.99
織物および革製品製造	873	2.12	7.94
金属および窯業製造	766	1.86	6.97
飲料水関連製造	221	0.54	2.01
その他	4,606	11.21	41.90
製造業　小計（合計）	10,994	26.75	100.00
建設業	7,647	18.60	
農業および林業	727	1.77	
サービス業	21,734	52.88	
全業種　合計	41,102	100.00	

（出所）独立行政法人国際協力機構経済開発部『ベトナム社会主義共和国中小企業技術支援センタープロジェクト事前調査報告書』2006 年 6 月、20 ページ。

　上記全数企業調査の結果からベトナム北部 30 省に所在する企業の業種別を明らかにするのが**図表 4-1** である。本表によれば製造業は全業種の 27％弱であり、なかでも機械関連および電気・電子関連は合わせておよそ 2 千社存在し、製造業のなかでのその比率は 18.2％である。

　TAC Hanoi の事実上の支援対象地域と考えられるハノイ市とその隣接 6 省には北部 30 省の過半数企業が存在していた（**図表 4-2**）。

　また、ハノイ近郊 7 地域に限定し、そこでの機械および電気・電子関連企業について見たのが次の**図表 4-3** である。これによれば、この地域に 1,500 社弱が存在しているが、これだけについて言えば、相当の数に上ることが示されている。ただ、これら企業の経営内容や技術力に関してはまったくの不

ている。

図表 4-2　北部 30 省での企業の地域別分布

省	企業数（社）	比率（%）
Ha Noi	14,205	34.56
Ha Tay	1,472	3.58
Vinh Phuc	1,176	2.86
Bac Ninh	1,174	2.86
Thai Nguyen	1,012	2.46
Bac Giang	1,009	2.45
Hung Yen	948	2.31
ハノイ近郊 7 地域　小計	20,996	51.08
その他 23 地域	20,106	48.92
合計	42,102	100.00

（出所）図表 4-1 に同じ、21 ページ。

図表 4-3　ハノイ近郊 7 地域における機械および電気・電子関連企業の従業員規模別分布

従業員数（名）	＜10	10～49	50～99	100～199	200～300	＞300	計
機械および機械部品製造	64	110	13	12	5	5	209
機械要素および付属品製造	224	492	86	45	15	29	891
自動車および輸送用機械製造	54	76	9	9	2	3	153
モーターサイクル製造	46	88	12	13	4	5	168
電気機器および器具製造	5	4	5	6	2	11	33
電子機器および器具製造	3	1	5	2	0	3	14
合計	396	771	130	87	28	56	1,468

（出所）図表 4-1 に同じ、21 ページ。

明であることは述べるまでもない。

　さて、ベトナム中小企業白書 2014 年版から、ベトナム全土についての直近のデータ（2012 年 1 月 1 日現在、全産業〈国有企業等を含む〉）を見ると、企業数全体（約 32 万 5 千社）のなかで、零細企業約 21 万 7 千社、小企業 9 万 3 千社、中企業 7 千社弱、大企業は 8 千社弱を数える。零細、小企業、中企業の合計で全体の 97.7％を占めることが判明した。このように、ベトナムにおける零細～中小企業の数は急速に増加している。ただ、この企業数は先述したように、あくまでも登録企業数である。そこには、多くの倒産・廃業企業が含まれていることに注意が必要である。

図表 4-4　地域別企業数（2005 年〜2011 年、全産業）

主要地域	2005 年	2006 年	2007 年	2008 年	2009 年	2010 年	2011 年	2005〜2011 年の伸び率
ベトナム全土	112,950	131,318	155,771	205,732	248,842	279,360	324,691	2.9 倍
紅河デルタ	31,965	37,514	43,707	61,093	72,676	82,251	103,518	3.2
北東地域	7,175	7,802	9,153	11,564	11,627	11,671	14,045	2.0
北中部・中部沿岸地域	16,223	19,344	23,476	31,033	36,608	37,740	42,679	2.6
高原	3,564	4,039	4,597	6,567	7,294	7,282	8,532	2.4
南東地域	39,601	47,130	57,022	73,877	97,253	117,008	128,590	3.2
メコンデルタ	14,258	15,325	17,652	21,425	23,220	23,284	27,210	1.9

（出所）Ministry of Planning and Investment, Agency for Enterprise Development, *White Paper on Small and Medium sized Enterprises in Viet Nam,2011*, p.43 および *ibid., 2014*, p.53 より作成。

なお、図表 4-4 は主要地域ごとに見た企業数の推移である。南東地域、紅河デルタそして北中部・中部沿岸地域に企業の集中している様子が示されている。そして、その集中傾向は年とともに加速化している。

(2) 中小企業振興政策の枠組み——政令 90 号（2001）から政令 56 号（2009）へ——

ベトナムにおいて中小企業振興政策が具体的に打ち出されるのは 1998 年以降である。政府は輸出競争力強化、雇用吸収、企業経営の効率化などを目的とした、民間企業政策を含む各種の中小企業振興策を提示するようになった[6]。

（ア）野村総研によるベトナム中小企業振興レポート

1999 年 12 月に発行された㈱野村総合研究所・㈶素形材センター『ヴィエトナム国中小企業振興計画調査報告書』は、ベトナムにおける中小企業政策の具体的なあり方を最初に体系付けて検討したものとして注目に値する。

同報告書は、中小企業振興政策着手への当面の必要性について、①中小企

6）㈱野村総合研究所・㈶素形材センター、前掲書、Ⅰ-2-6〜Ⅰ-2-7 ページ。当時、計画投資省が民間企業育成、工業省が裾野産業育成の観点から検討を進めていた。
　1998 年には、No.681/CP-KTN により、中小企業の暫定定義が定められた。それによれば、資本金 50 億ドン未満、従業員 200 人未満の法人を中小企業としていた。

業が抱える数多くの課題への対応、②潜在性が発揮されていない実業家の事業意欲の引き出し、③国際競争力強化への緊急対応、④中小企業に対する低い社会的価値観の打破を指摘する。そして、ベトナムの中長期的な経済発展と社会の安定化という観点から、中小企業振興政策そのものの意義として以下を列挙している。①産業構造の高度化、②輸出振興、国内需要への対応、③国土の均衡ある発展への必要性である[7]。

そして何より、注目されるのは中小企業振興の政策目標についてそれを**図表4-5**のように段階的に明示していることである（2011年以降に関しては一つの政策ビジョンとして示されている）。以下、各期のあらましについてごく簡単に紹介しておく[8]。

①直近（1999～2002年）緊急に取り組む必要のある政策を推進する時期。中小企業振興政策の基本的な枠組みを確立する。中小企業の社会的位置づけを明確にし、その存在意義を社会に認識させる。この時期には、委託加工分野等における労働集約的業務で競争力を有する中小企業の育成に重点的に努める。②短期（2003～2005年）前期に開始した中小企業振興政策の浸透を図り、WTOやAFTAなどの国際経済環境下での基礎体力向上の時期。中小企業基本法を策定する。競争力があって成長力を有するのは前期同様に労働集約的業務の企業群であろうが、政策的な振興の重点は集積・ネットワークに基づく競争力を有する企業や起業家に向けられる。③中期（2006～2010年）前期に整備した中小企業支援策の成果が現れ、中小企業が飛躍的に発展し、国際競争力が強化される時期。集積・ネットワークに基づく中小企業群が競争力をもち成長力を有するようになり、振興の重点は技術力を重視する中小企業に向けられていくべきである。支援策の内容としては、中小企業の共同化や、大企業・外資系企業とのリンケージ強化に向けられる。④長期（2011年以降）中小企業が新たな発展段階に入る時期。中小企業の国際ネットワークが強化され、ハイテクベンチャーも出現し始める。

---

7) 同上書、Ⅰ-4-1～Ⅰ-4-3ページ。
8) 同上書、Ⅰ-4-4～Ⅰ-4-6ページを参照した。

図表 4-5　中小企業振興の段階的目標

	中小企業振興の政策目標			中小企業の長期発展ビジョン
	1999～2002 年	2003～2005 年	2006～2010 年	2011 年以降
政策目標	中小企業振興政策の基本フレームの確立 中小企業の社会的位置づけの確立 WTO、AFTA に向けた基礎体力形成 Decree の下での政策展開	中小企業振興政策の浸透 中小企業振興体制の充実 WTO、AFTA に向けた基礎体力形成 基本法に基づく政策展開	中小企業振興政策の全国展開 中小企業の飛躍的発展 WTO、AFTA 体制下での国際競争力強化	中小企業の新たな発展段階構築 中小企業の国際ネットワークの強化
競争力を持ち成長力を発揮する中小企業	労働集約的業務で競争力を有する中小企業（委託加工分野等）	労働集約的業務で競争力を有する中小企業（委託加工分野等）	集積・ネットワークに基づく競争力を有する中小企業（開発輸出企業など）	ハイテクベンチャー企業の出現（知識型中小企業）
重点的に育成を図る中小企業	労働集約的業務で競争力を有する中小企業（委託加工分野等） 既存経営者の育成に重点	集積・ネットワークに基づく競争力を有する中小企業（開発輸出企業など） 起業家育成に重点	技術力を重視する中小企業 成長志向の企業経営者・起業家に重点	国際ネットワークを重視する中小企業
重点とする支援策	LPF、基本的ビジネス環境の整備 中小企業振興に関わる主要機関、組織、制度、仕組みの確立 大都市、主要都市での中小企業振興の先行的展開 輸出ビジネス振興のインフラ強化 中小企業および振興策の成功事例の創出に重点	振興機関相互の連携体制強化 中小企業振興に関わる主要機関、組織、制度、仕組みの本格的利用 大都市、主要都市での中小企業振興の本格展開 サクセスモデルの普及・浸透	中小企業支援策の全国展開 地方人民委員会による中小企業振興への取り組みの本格化 農村地域の中小企業振興の本格化 中小企業の共同化、リンケージ形成支援	新たな問題への対応 地域間競争メカニズムを利用した中小企業振興施策の展開 農村地域における施策の浸透（本格的利用） 産学連携、国際ネットワーク構築など

（出所）㈱野村総合研究所・㈶素形材センター『ヴィエトナム国中小企業振興計画調査報告書』1999 年 12 月、Ⅰ-4-5 ページ。原表は JICA 調査団の作成によるもの。

　ドイモイ以降、市場経済の担い手としての中小企業の重要性に関する認識が深まっているものの、ベトナム政府内部での意識は一般的には低いままの状況に置かれていた。政府による各種施策の実施・運用では、国営企業や外資系企業に比して民間中小企業が相対的に不利な状況にある[9]。そのため、上の『ヴィエトナム国中小企業振興計画調査報告書』は中小企業基本法の必要性を強調し、その構成案を公表している[10]。ここではその内容を紹介・検討する余裕はないものの、ベトナムでは同じ時期に作成が進められていた政令

9）同上書、Ⅱ-1-5 ページ。
10）同上書、Ⅱ-1-7～Ⅱ-1-14 ページ。

が、別途 1999 年に制定されることで中小企業政策のスタートをみた[11]。

(イ) 政令 90 号 (2001) から政令 56 号 (2009) へ——中小企業振興策の充実——

　ベトナムで中小企業振興に関して最初に公布されたのは 2001 年の政令 90 号（90／2001／ND-CP　中小企業発展の支援について）である。中小企業振興の基本法とも言える本政令では、その第 1 条に「中小企業育成・発展は国の社会経済発展、工業化・近代化を実現するための重要な任務の一つである」ことが明記された。

　この政令 90 号は、第 1 章一般的規定、第 2 章振興政策、第 3 章中小企業振興組織、第 4 章施行細則の 20 条から構成されている。具体的には、中小企業の定義、各種振興組織の設置、中小企業信用保証基金の設立などが盛り込まれている。ちなみに、同 90 号による中小企業の定義は、先の暫定定義より変更され、資本金が 100 億ドン未満もしくは従業員数 300 人未満とされた。

　2009 年には、政令 56 号（56／2009／ND-CP　中小企業発展の支援について）の制定により、上記の政令 90 号が改定された。政令 56 号ではさらに、中小企業に関する定義が改められ、資本金についての範囲が 90 号の 100 億ドンから 1,000 億ドン未満へと大きくなったことに特徴がある。

　さらに、2002 年 10 月には計画投資省内に中小企業開発庁（Agency for SME Development；ASMED）が設立され、これは 2008 年には企業開発庁（Agency for Enterprise Development；AED）へと改称された。

　企業開発庁の行う業務のうち、中小企業振興に関わる主なものは、①中小企業開発・振興に関する方針と計画の策定、②中小企業に対する支援プログラムを開発強化し、各省庁・地方政府にそれぞれの中小企業の支援計画の作成・実施に関わる案内・支援・連携を行う、③全国の中小企業の発展状況をまとめ、報告する、④ TAC（後述）の活動を通じて各種コンサルティングを

---

[11] とはいえ、同書では、当時検討中の同政令が当面の中小企業政策をカバーするもので中長期的な戦略を示すものではないとし、政令の内容ならびにその運用をみたうえでやはり中小企業基本法を策定するのが望ましいと述べている（Ⅱ-1-5～Ⅱ-1-6 ページ）。

提供する、⑤中小企業振興評議会の事務局などを務める、などがある[12]。要するに、企業開発庁はベトナムにおける中小企業政策の立案と実施という根幹を担う中心的な機関として位置付けられている[13]。また、2003年には中小企業振興評議会(SME Development Council)が、中小企業支援政策・制度に関する首相への諮問機関として設立された。これの委員長は計画投資大臣が任命し、関係閣僚、ハノイ、ホーチミン、ダナン、ハイフォンの地方政府、そして各産業界からの代表者が参加する。

(ウ) TAC(中小企業支援センター)の活動

2003年に設立されたTACは、計画投資省のAEDに所属している。設立当初はSmall and Medium-sized Enterprise Technical Assistance Center(SME TAC)、すなわち中小企業技術支援センターがその名称であり技術面での支援が中心であった。その後、活動内容の見直しが進められ、2009年からは現在の名称であるTHE ASSISTANCE CENTER FOR SME(略称:TAC、中小企業支援センター)となった。TACはベトナム政府の機関の一つであるから、その主要な任務は政府の中小企業政策やプログラムを具体的に実行することにある。

ベトナムで中小企業技術支援センターの設置をめぐる議論が活発になされるようになったのは1998年頃からである。そして、TAC-HANOIを含む中小企業技術支援センターの設置を規定したのが、上述の政令90号第3章(2001年)である[14]。

現在のところ、TACはハノイのほか、ホーチミンそしてダナンの3ヶ所に設置されている。私が訪問することのできたTAC-HANOIはベトナム北部

---

12) 計画投資省の決定書463号(436/QD-BKH)より(Vu Thi Viet Thao「ベトナムの経済発展と中小企業政策」(神戸大学大学院国際協力研究科提出修士論文、2012年3月)の33ページ)。
13) 現在のところ、AEDの職員数はハノイに40名、そしてそれとは別にハノイ、ダナン、ホーチミンにそれぞれ15名が配置され、合計85人である(2014年2月10日におけるAEDでのインタビュー)。
14) 独立行政法人国際協力機構経済開発部、前掲書、26～27ページを参照。

29省をその支援対象地域としている[15]。

　TACの活動分野は、（ⅰ）人材教育、（ⅱ）企業コンサルティング、（ⅲ）事業連携、（ⅳ）企業への情報提供の四つである。人材教育に関して、その主なものには起業したばかりの者に対する支援や経営管理者層への訓練などがあり、毎年多数の教育コースがある。企業コンサルティングについては、ベトナム中小企業に対する5S等生産管理面でのトレーニング・サービスの提供などを行っている。また、日本のJICAや韓国政府の協力を得て、TAC職員のスキル向上のための支援を受けている。これらはとくに裾野産業に関わる支援が中心で、JICAの裾野産業育成プロジェクト（2010～2014年）と協力しつつ、現在（2012年8月22日の訪問当時）は中小企業50社について約350件の改善プログラムが進行している。3番目の事業連携は、ベトナム中小企業と日本や韓国など外資系企業とのビジネスマッチングを進めることである。現在のところ日本との間では、長崎の中小企業との連携事例が見られる。そして最後は、ウェブサイトやTAC刊行物による情報提供がある。

　さて、TACによるこれまでの具体的成果に関しては、そのパンフレットで一部が説明されている[16]。まず、2006年から2008年については、TACのスタッフと日本の専門家とがペアになり324社の現地企業を訪問指導した。これにより、今ではTACのスタッフはKAIZENや5Sなどという生産管理に関しては独力で指導ができるまでになった。さらに、2006年8月から2008年7月までの期間中、TAC-HANOIでは経営管理者向けの訓練コースが89も開設され、3,223人の会社社長やエグゼクティブがこれに参加した。また、21の現場実習コースも用意され、これには592人の現場作業員（テクニシャンやワーカー）が参加した。

　ただし、今回の面談（2012年8月22日）で、TAC-HANOIの所長はベトナムでの中小企業支援はこれまで9年間の歴史しかなく（面談当時）、日本の

---

15) 以下、TACの業務内容に関する論述については、主として2012年8月22日での訪問時に聴取した内容に基づく（その後、2015年2月10日、2015年10月19日にも面談した）。
16) TAC-HANOI発行の *The Assistance Center for Small and Medium sized Enterprisises in The North* と題するパンフレットを参照した。

それと比べればまだまだ問題の多いことを率直に表明している[17]。

いずれにしても、TAC-HANOI のスタッフは現在 16 名と少なく、しかも全体として若い人が多く（ベトナムでは民間企業そのものの歴史が浅い）、企業での現場経験に乏しい。実際に TAC が行っている活動は各種セミナーの開催や地場企業に対するアドヴァイスの実施（企業設立時の手続き、税制面での対応）レベルに留まっている。したがって、TAC 自身が、あるいはそのスタッ

---

[17] JICA のあるレポートでは、TAC が今後基礎的インフラ、予算、人材をどのように増やしていくかについて、ベトナム政府部内、またベトナム側と日本側とで意見の違いが見られること、そしてその問題の根底にはベトナム政府自身が明確な方針・方向性を打ち出せないことにあると説明している（詳しくは、独立行政法人国際協力機構産業開発部『ベトナム社会主義共和国中小企業技術支援センタープロジェクト終了時評価報告書』2008 年 5 月、18 ページの脚注 5 を参照のこと）。

以下では、TAC-HANOI での面談時（2012 年 8 月 22 日）での質疑のあらましを紹介しておこう。

（ⅰ）ベトナムで工場の名簿はあるのか？（前田）

（回答）2005 年に JICA プロジェクトの支援を得て、北部 29 省の企業調査を実施した（これに関しては本章において先述した通りである――前田）。それによれば、合計で 4 万 1,000 工場が確認できた。これについては TAC のホームページで閲覧が可能（英語版、ただし、未確認――前田）。しかしながら、予算等の制約があり、その後のアップデートはなされていない。ただ、TAC としては機会があれば裾野産業分野での企業リストを作成したい。

（ⅱ）裾野産業の定義はいかなるものか？（前田）

（回答）定義に関しては数多くの意見がある。われわれは、それについて基本的には組立産業に部品などを提供する産業群を考えている。そのなかでの具体的な産業としては、機械、電気・電子、自動車・バイク部品、繊維と縫製業がある。日本のように機械加工や金型というように作業内容に応じて分類するのではない。したがって、例えば金型は機械のなかに含まれることになる。

（ⅲ）TAC-HANOI のほかにも、各省ごとに中小企業支援センターがあるのか？（前田）

（回答）TAC はここ（ハノイ）のほか、中部（ダナン）と南部（ホーチミン）にもある。TAC は上述の通り、計画投資省所属機関であるが、このほか政府による中小企業関連の振興機関が商工省や科学技術省にも存在する。2009 年の政令 56 号で、中小企業が 3,000 社以上存在する省にあっては当該地方で中小企業支援センターを設置してもよいことになっている。現在では 10 の省に中小企業支援センターが存在する。

（ⅳ）新規創業者に対する特別の支援はあるのか？（前田）

（回答）創業後 2 年間については法人税が免除されるが、それ以外では新規創業者に対する特別な支援はないだろう。ただ、インドのプロジェクトとして TAC との協力関係の下で創業者のトレーニング・プログラムを行ったことはある。また、インキュベータに関しては、現在、EU のプロジェクトとの関わりのなかで、ハノイ（食品関係）とホーチミン（電気・電子関係）にそれぞれ一か所がある。

フだけでベトナム地場中小企業に対する実際に有効な支援が行いうるかについては依然として疑問が残る。そこで日本や韓国からの現場経験豊かな方たちによる支援が求められている。

(エ) 中小企業発展 5 ヵ年計画

 2006 年 10 月、ベトナム政府は 2006 年から 2010 年までの最初の中小企業振興計画を公表した。「中小企業発展 5 ヵ年計画 2006-2010」(The 5 year SME Development Plan 2006-2010) と題する本文書は、中小企業発展の目標と手段、ガイドラインなどについて述べられている。本計画の総括目標には、「中小企業の設立・活動の円滑化、公正な競争市場の確立、経済発展における中小企業の貢献強化、国家の競争力向上を図る」とされ、具体的な数値目標としては以下が明記されている[18]。① 2006 - 2010 年の間に、新規の中小企業を 32 万社増やす、②輸出中小企業の比率を 6 ％ にまで増やす、③ 270 万人の雇用創出、④ 16 万 5 千人の中小企業労働者の職業訓練等々である。

 次いで、2012 年 9 月に 2 度目の 5 カ年計画となる「中小企業発展計画 2011-2015」が首相により決定された[19]。本文書の第 1 条には、「中小企業開発についての考え方[20]」が示されている。それによると、①中小企業開発が政府の長期的かつ一貫した戦略であり、それは国家の経済開発政策のなかでの重要な目標であることが明記されている、②あらゆる経済セクターに属する中小企業がバランスよく発展しそして公平に競争ができる法律、メカニズム、政策を創出する、③中小企業の量的拡大そして質的向上を進めることにより、経済発展の効率化、環境の保護、雇用創出・貧困撲滅、社会的安全性

---

18) ここでは、ベトナム計画投資省企業開発庁 JICA 専門家 (当時) 宮本幹氏の作成した「ベトナムにおける中小企業機能支援強化 JICA プロジェクトについて」(2012 年 7 月 12 日) と題するインターネット上に掲載されたパワーポイント資料を参考にした。
19) No.1231/QD-TTg, *APPROVING THE PLAN FOR DEVELOPING MEDIUM AND SMALL ENTERPRISES 2011-2015*, Hanoi, September 07,2012. 本資料についてはジェトロによる日本語訳がインターネット上において公開されており、ベトナム版からの翻訳だと思われる。
20) 英語版では Viewpoint とされているのでここでは「考え方」と訳出した。しかしながら、ジェトロ訳では「中小企業育成の理念」とされている。

第4章　中小企業政策の現況と北部での基盤的技術分野の勃興

確保を目指す、各地域の事情に相応しい中小企業開発、農村工業と伝統工芸の奨励、遠隔地ならびに不毛な地域での中小企業開発、少数民族・女性・身障者による中小企業開発、裾野産業・補助的サービス業・高い競争力を有する産業を支援する、④中小企業開発は経済－社会開発についての国家目標の実現を目指す、とされ総花的記述が目立つものとなっている。

　ここでも、数値目標が盛り込まれている。① 2011-2015 年の期間中に 35 万社の新規開業、そして 2015 年 12 月 31 日[21]時点で稼動中の中小企業数を 60 万社とすることの目標、②全国の輸出総額に占める中小企業の輸出比率を 25% とする、③中小企業の投資額が社会全体の投資総額に占める比率を 35% にする、④中小企業が GDP の 40%、歳入の 30% をもたらすようにする、⑤ 350〜400 万人の新規雇用の創出、である。

(オ) JICA シニアボランテイア
　＊以下の (5) JICA シニアボランテイアならびに (6) ベトナム日本人材協力センター (VJCC) の活動は直接的にはベトナム政府による政策ではないが、それと密接に関連するものとしてここで簡単に紹介しておく。

　日本政府によるベトナム地場中小企業振興支援策のなかで特筆すべきものとして、JICA シニアボランテイアの方々による役割がある。JICA シニアボランテイア制度はその名の通り、日本企業のものづくりの現場で長年働いてきた豊富な経験を有している方たちによる、無償でのベトナム中小企業支援である。その際立った特徴は彼らがローカル企業の製造現場に直接に入り込み、工場の中で具体的な指導を進めていくという、人数は決して多くはないものの、日本ならではの海外協力・支援策として高く評価できよう。

　今回面談することのできた JICA シニアボランテイアの方は 2010 年にベトナムに着任し、現地企業に対する金型製作などの技術指導を無償で行っておられる[22]。面談時において、ハノイには 9 名のシニアボランテイアが計画投

---

21) 英語版では 2012 年 12 月 31 日とされているが、前後の文脈からしてこれは 2015 年 12 月 31 日の誤りだと思われる。
22) 2013 年 2 月 28 日に初めて面談することができた。同氏には、その後も地場系及び日系

資省傘下の TAC に所属している。その 9 名の指導分野についてはすべてが異なっている[23]。

　シニアボランテイアによる指導先企業については、電話調査、知り合いや TAC の紹介等々、多様な"発掘作業"が行われている。TAC に所属しているとはいえ、シニアボランテイアは TAC との間に上下関係が成立していないし、TAC 自身の職員数は少なく、しかも企業活動について彼らが熟知している訳でもない。つまり、技術指導を受ける地場企業は現実にはシニアボランテイアが探して来ざるを得ない。なお、シニアボランテイアによる支援活動が実際にスタートした 2010 年 6 月から 2013 年 2 月（面談当時）までの期間中でのハノイ地区における被支援企業数は 68 社である（終了と現在支援中の合計）[24]。もちろん、ホーチミンやダナンで支援を受けている企業の数はこれとは別である。支援の内容については、3S と 5S、生産管理関連、品質管理関連、機械加工関連、事業・業務管理などが多い。

　ベトナムでの地場中小企業の数は多いものの、現状で TAC が掌握しているのは 600 社程度のリストしかない。ローカル中小企業の経営者の年齢は 30 代中頃の者が多く、会社設立後からわずか数年しか経過していない。また、日本のような同業者による工業会というような同業者組合はまだあまり存在していないという[25]。

　　中小企業数社への訪問調査に同行していただき、また E メール等で数多くの情報提供を受け続けている。氏のご協力を得ることがなければ、ベトナム中小企業に関するこのようなかたちでの研究報告をまとめることがかなわなかったであろう。
23）「前の会社で多様な経験をしているので、ベトナムではシニアボランテイアとしてやれる範囲内のことはやらせていただくというスタンスである。したがって、支援活動を行う際において特定の技術（例えば金型技術など）や経営手法が専門分野ということではない」（シニアボランテイアの某氏）。また、ホーチミンでも 9 名のシニアボランテイアが活動している。
24）個人としてはこれまでに 11 社を指導しておられる。
25）筆者がベトナムに進出している日系金型メーカーに訪問・面談した折に（2013 年）、「日越金型クラブ」が 2013 年 5 月に発足したことを知った。設立趣意書には、ベトナム北部を中心に金型メーカー相互間での情報交換と「金型作りに貢献」するために発足したとある。その折に頂戴した会員名簿では、正会員 I（金型製造企業：金型売上が総売り上げの 3 割以上の企業）が 10 社、正会員 II（金型製造企業：金型売上が総売り上げの 3 割未満の企業）4 社、賛助会員（金型関連企業：金型製造に関わる商品・サービスを

同氏自身はベトナム・地場ローカル中小製造業の現在の課題を次の7点で総括している。（ⅰ）経営者マインドの不足、（ⅱ）経営管理の不在、（ⅲ）有能な中間管理職の不在（特に生産管理職）、（ⅳ）人材管理・教育が不在、（ⅴ）日常管理（生産管理、品質管理）の不足、（ⅵ）設備の古さ、（ⅶ）メンテナンス不足である。いずれにしても、シニアボランテイアによる指導はあくまでも"きっかけ作りにすぎず、指導した内容が継続的に残っていくかどうかがきわめて重要である"。そして、繰り返しの指摘ではあるが、ベトナムの中小企業には"中間管理職がいない"ことがその特徴として指摘できる。すなわち、社長の下にはマネージャーとの肩書きを持つ者も多いが、彼らの多くは30歳前後で現場の人間であるに過ぎない。結局は社長が不在であれば何も決めることができない状態となってしまう。

（カ）ベトナム日本人材協力センター（VJCC）

　日越共同プログラムの一環として、両国政府の合意の下で設立され、産業人材の育成に努めているのがベトナム日本人材協力センター（VJCC：Vietnam-Japan Human Resources Cooperation Center）である。VJCCはハノイに2002年3月、そしてホーチミンには同年5月に設立された。VJCCの主要事業はビジネスコース、日本語コース・簿記コース、相互理解促進事業・留学支援の三本柱で構成されており、現在ではとくにビジネス人材の育成に注力している[26]。

　VJCCハノイでのビジネスコースの内容を紹介しておくと（**図表4-6**、但し2012年1月～8月期）、生産管理を中心とした短期コース、マネジメントやロジスティクスなどを学ぶ中期コース、そして日本企業の経営ノウハウについて本格的に学習する特別プログラム（1年間コース）に分かれている。

　このなかでもとくに注目すべきは、特別プログラムの「経営塾」である。

　　行っている会社）12社そして協力会員（理事会が推薦した金型以外の企業及び団体及びその団体に所属する個人）3名の合計29社（協力会員を含む）であった。
[26] 2013年2月26日でのVJCC Hanoiへの訪問。

図表 4-6　VJCC ハノイでのビジネスコースの内容（年度計画）

	区分	タイトル	時間	講師
特別なプログラム（1 年間コース）	経営塾	3K-1　基調講演	10 回	日本人専門家
		3K-2　経営戦略 1	10 回	日本人専門家
		3K-3　マーケティング	10 回	日本人専門家
		3K-4　日本式ものづくり	10 回	日本人専門家
		3K-5　経営戦略 2	10 回	日本人専門家
		3K-6　人材開発と育成	10 回	日本人専門家
		3K-7　商法と財務管理	10 回	現地講師
		3K-8　ビジネスプラン	10 回	日本人専門家
		3K-9　成果発表会、閉講式	10 回	日本人専門家
短期コース	生産管理（現場学習も含め）	TPS（トヨタ生産システム）	6 回	日本人専門家
		生産計画策定	6 回	日本人専門家
		在庫管理と内部のロジスティクスシステム	6 回	日本人専門家
		生産安全の管理とメンテナンスシステム	6 回	日本人専門家
		ホウ・レン・ソウと PDCA	6 回	日本人専門家
	HRM/D	社員に動機・火を付ける手法	6 回	日本人専門家
中級コース	プロの制作ディレクター（PPD）7/3-7/5	PPD 像	2 回	現地講師
		生産計画策定	6 回	日本人専門家
		マネジメントシステムと近代的製造方法（5S、改善、JIT、リーン）	6 回	現地講師
		在庫管理と内部のロジスティクスシステム	6 回	現地講師
		ムダ取り	4 回	日本人専門家
		QC	4 回	現地講師
		社員に動機・火を付ける手法	6 回	日本人専門家
現場指導			HN	日本人専門家

（注）2012 年 1 月〜8 月期。
（出所）VJCC ハノイでの受領資料より抜粋。

同塾は 2010 年から第 1 期生 15 名でスタートし[27]、訪問当時では第 4 期目であった。経営塾設立の目的はベトナム政府が掲げる 2020 年までの工業立国化に貢献できる若手経営者（とりわけ裾野産業での）を育成支援するところにある。実務的かつ実践的に、経営者としての洞察力・戦略的思考力・判断力の向上を目指している。具体的には、日本企業が求める高い品質水準や経営手法に応えうるベトナム企業を生み出していこうとする試みである。対象

---

27) JICA の英文パンフレット（*JAPAN CENTER, -Business grow when people grow-*）では、経営塾が 2009 年 9 月にスタートしたとの記述も見られる。

は社長ないし副社長、あるいは政府関係機関、政府組織職員に限定されており、受講希望者には厳しい条件が付されている[28]。すなわち、本表にも示されているように、経営塾では1年間に10程度の課題が設けられ、各テーマは1回数日間に及び、参加者には過酷ともいえる内容である。しかも、成績優秀者には日本研修が含まれるとはいうものの、受講料は1,950アメリカ・ドルである。このような厳しい内容と高額な受講料の経営塾であるが、"反響はよく"（コーディネーター談）、4期目での応募者数は50名を超え、受講者21名が選抜された。経営塾への受講生は上述の通り、すべてベトナム企業の人たちであり、そのうち約3割は進出企業に勤務しているベトナム人とのことである。経営塾終了生は同窓会組織である経営塾クラブに参加することができ、そこで個別相談も受けることができる。

　このようにベトナムでは、ここ数年のうちに中小企業政策や中小企業振興機関が着実に整備されつつある。とはいえ、そこには多くの課題が指摘されている。例えば、青山和正は、実施上の問題点を次のように整理している。①中小企業政策の基本理念や方針があいまいで、体系的に整備されていないこと。②各省庁での縦割り意識が強く、それぞれが独自に類似する中小企業支援を行っており、調整が十分に進められていない、③中小企業向けの金融制度が確立していないなど、取り組むべき課題は数多いとしている[29]。

　さらに具体的にいえば、商工省が裾野産業を、他方中小企業に関しては計

---

[28] 以下の3つである。①経営塾は実践的なコースなので、受講生は、自分自身の企業の経営状況に関して、明確に把握し、改善の意識を持つこと。②自学・自習・自得が原則。そして、自社の経営に関して強い問題意識を持ち、さらに高い改善意欲を有する人物であること。さらに、1年間という長期にわたる受講であるため、継続のための強い意志を持った人物であること（講座期間中は休むことなく、全期間が受講可能であること）。また、応募にあたって自社の経営課題・解決方法に関する小論文（ベトナム語・日本語・英語でのもの、A4用紙で3～4枚程度）、そして経営幹部（副社長クラス）の者には経営責任者の推薦状が必要である。

[29] 青山和正「ベトナムの中小企業政策に関する研究——ベトナムの中小企業振興施策の現状と課題——」『成城大学経済研究所研究報告』No.61、2013年1月、31～32ページ、34～37ページ参照。

画投資省が担当するという中央官庁間での縦割り意識がベトナム特有の事情として指摘できるように思われる[30]。

3　裾野産業育成政策

　ベトナムの工業化を考える上で、常に指摘されているのが裾野産業（Supporting Industries）育成の重要性である。裾野産業の育成については、最近数年間のうちにとりわけ重要視されている。近年のベトナムでは大規模な加工組立型企業による輸出が急速に増加しているとはいえ、そのなかに組み込まれる重要部品に関しては日本や韓国などからの輸入に頼っているのが依然として現状であると言わざるを得ない。
　ただ、ベトナムの裾野産業育成策に関しては、**図表4-7**に示されるように、このところ積極的に打ち出されている。
　2007年にベトナム商工省が策定した裾野産業開発計画（マスタープラン）では、繊維・縫製産業、皮革・製靴産業、電子・IT産業、四輪車、製造機械産業の特定5分野について、2020年を視野に入れた2010年までの目標を提示した。以後、本表にもあるように、かなり積極的な育成のための手立てが打たれてきている。とはいえ、その振興施策の内容については後述するように曖昧なままに終始している。
　裾野産業育成の実際については、2003年から開始された日越共同シニシ

30）政策の立案・作成時における行政機関での縦割り意識を排除するためにどのような方策をとっているのかについてある官庁（この場合は、ベトナム科学技術省技術イノベーション局）に尋ねたところ次のような回答が見られた。
　政策立案は、ごく大雑把にいえば、三つのプロセス（段階）がある。第一段階は執筆した政策について意見を広く求めるために各省庁や企業関係者を招いたセミナーを開催する。第二段階は、その後に作成したドラフトを関係省庁に送付する。そして、第三段階では、最終案を政府に提出し、政府からの意見を聴取する（Ministry of Science and Technology, State Agency for Technology Innovationでの2013年2月28日付け面談）。
　このような三つの段階を経て他の行政官庁からの意見を求めつつ立案・作成を進めているようだが、そこにおいて意見の異なる者や企業との相互間での意見調整がどのように進められているかは不明であり、一般的なプロセスに終始しているとも見ることができる。

第 4 章　中小企業政策の現況と北部での基盤的技術分野の勃興

図表 4-7　裾野産業育成に関する法的文書

関連法規	内容
商工省令 34 (34/2007/QD-BCN、2007 年 7 月 31 日)	裾野産業マスタープラン
政令 12 (12/2011/QD-TTG、2011 年 2 月 24 日)	
政令 1483 (1483/2011/QD-TTG、2011 年 8 月 26 日)	裾野産業対象分野および品目制定
政令 96 (96/2011/QT-BTC、2011 年 7 月 24 日)	裾野産業に対する優遇政策規定
政令 9734 (9734/BCT-CNNg、2011 年 10 月 20 日)	裾野産業優遇政策適用申請手続き及び認定機関

(出所)　市川匡四郎「ベトナムへの投資状況・裾野産業の現状と課題」アジア太平洋研究所（APIR）：「中小企業の東南アジア進出に関する実践的研究」第 2 回研究会、2012 年 7 月 9 日。

アティブの下で、上述のように JICA などを通じた日本側への期待が大きい。最近までの 10 年間での四期のフェーズにおいて、裾野産業育成を含む具体的な数多くのアクションプランのなかに盛り込まれた 337 項目のうちの 85％がすでにスケジュール通りに実施されている[31]。その第四フェーズ（2010～2012 年）では裾野産業として育成誘致すべき具体的業種として金型産業について合意された。また、ベトナム企業への支援内容としては経営者レベル・中間者層レベルの人材育成、技能検定（機械加工技術）制度の導入などが盛り込まれている[32]。

　2013 年 7 月下旬から 2014 年年末までの期間については第五フェーズが立ち上げられた。期間中に、税制、関税、知的財産権、インフラ開発そして食の安全性等からなる 13 グループからなる 27 項目が列挙されている。このうち、工業開発面での優先 6 産業としては、電子、農業機械、農業・海産物加工、造船、環境ならびにエネルギー保全、そして自動車・同補修部品の製造が挙げられた[33]。先の 2007 年マスタープランと比較すれば、繊維・縫製産業、皮革・製靴産業といったベトナムが産業構造上において比較優位にあると考

---

31) *Việt Nam News*, July 31,2013.
32) 市川匡四郎「ベトナムへの投資状況・裾野産業の現状と課題」アジア太平洋研究所（APIR）：「中小企業の東南アジア進出に関する実践的研究」第 2 回研究会、2012 年 7 月 9 日。
　　なお、日本の中央職業能力開発協会はベトナムの労働・傷病軍人・社会事業省とものづくり職種の技能検定に関する覚書を結び、金属加工などの技能検定を開始するとの報道が見られる（「日本経済新聞」2013 年 8 月 6 日付け）。
33) *Việt Nam News, op.cit.*

えられていた労働集約部門が姿を消している。そして、今回あらたに農業・海産物加工、造船、環境ならびにエネルギー保全が加えられることになった。2020年までの工業化を目指すベトナム政府は、繊維や製靴といった労働集約型産業から重点を移し、今度は造船をも含む組立産業へシフトしていきたいという考え方が表れている。また、沿岸部の豊かな水産資源の活用と近年重視されている環境問題への配慮が新たに注目されている。そして、自動車・同補修部品の製造が"最後に滑り込んだ[34]"。政府による、自動車育成策は依然不透明なままである。

　このように具体的な施策が次々と実施されてはいるが、この裾野産業育成については明確でないところが多い。その第一は、言葉の定義が曖昧なままに終始していると思われることである。2011年2月の首相決定(「裾野産業の発展政策について」)では裾野産業について、「材料、部品、半製品を製造し、生産原料又は消費財としての完成品の製造・組立を行う分野へ提供する工業分野[35]」としている。したがって、自動車部品や素材の製造大企業が含まれるし、他方で中小企業であっても例えば雑貨や消費財などを生産している企業はこの範疇に入らない。第二に、前述したように、商工省が裾野産業を、そして中小企業については計画投資省がこれを所管するというベトナムならではの特殊事情が問題をいっそう複雑にしている。縦割り行政と施策対象分野の不明確さが、政策の有効性を制約している部分が少なからず存在していると言えよう。

4　現地調達問題

　ベトナムで原材料・部品の現地調達が難しいことについてはかねてより広く認識されている。例えば、2006年発行のある報告書では、日系を中心とする外資系メーカーで聞き取り調査を行い、大半のメーカーが地場の現地企

---

34) 2013年での日系某企業(在ベトナム)との面談時での企業側からの発言。
35) 12/2011/QD-TTg.

業からの調達が困難なために必要部品のほとんどを輸入もしくは地場日系企業からの納入に頼っている実態を確認している。その理由としては技術的な遅れとともに品質管理システムについての理解不足、管理マネジメントが確立しておらずQCD（Quality, Cost, Delivery）への取り組みが不十分であることなどを挙げていた。しかしながら、一部の外資系メーカーからは、経営者が意欲的で発展志向であれば、時間はかかるものの、調達可能なレベルにまで成長する可能性のあることが指摘されていた[36]。

　もちろん、このような原材料・部品の調達難については、産業分野において大きく異なっている。例えば、ベトナム開発フォーラム報告書の第2号（2006年6月）は、四輪車で現地調達率が5～10％にとどまり最も低いものの、他方二輪車では平均75％に達し現地調達がもっとも進展しているとする[37]。また、電機・電子では企業によって比率が異なることと調達内容が概して低付加価値部品にとどまっており金額ベースでの調達比率はそれほど高くないことを述べている。

　また、2009年にまとめられた他の報告書では、日系企業の部材現地調達率が依然として低いことをあらためて強調している。これによるとベトナム北部では、メッキ、表面処理、鋳造部品、金属成形、ゴム加工、樹脂成形という日系調達先を一通り見つけることができようになったが、日系企業の望むジャストインディバリー、品質維持という観点からのベトナム部品加工メーカーは未だ期待する水準には到達していない。「北部では、ある程度の日系調達先を見つけることができるようになったが、依然としてその選択肢は非常に少ない。また、素材関係はすべて輸入に頼らなければならない状況である[38]」。

　ベトナム市場での需要規模が断然大きいのは二輪車セクターであり、その

---

36) 独立行政法人国際協力機構経済開発部、前掲書、23ページ。
37) ベトナム開発フォーラム『日系企業から見たベトナム裾野産業』ベトナム開発フォーラム（VDF）報告書、No.2（J）、2006年6月、2～3ページ。
38) 三菱UFJリサーチ＆コンサルティング株式会社『ホアラック・ハイテクパークにおける中小企業エリア設置に関する調査　平成21年度アジア産業基盤強化等事業　報告書』2009年10月、13ページ。

なかでもホンダにおける現在の現地調達率は90%超にも及ぶ[39]。トランの研究によれば、ホンダでの部品の現地調達ルートは内製部品と外資系企業からの調達がほとんどで、現地企業は20社しかホンダに部品を供給できていない[40]。ただ、今回行ったヒアリング調査では、部品調達先としては日系中小企業とともに台湾系がメインになりつつあるとのことであった。むろん、優れたベトナム企業も探していて調達先としての育成指導を行っていきたいとのことである[41]。

日系に限らず、外資系企業はベトナムのサプライヤーを捜し求めてはいるものの、両者をつなぐ有効な手立てはなかなか見つからない。その一つは、先にも触れたが、企業名簿が不十分であることを指摘できる。最近では、依然限定的であるとはいえ、いくつかの機関でデータベースを整えられつつあるが、内容は不正確なものが多く、アップデートならびに記載内容の確認が必要である。また、ローカル企業経営者の売り込みはほとんどない。第二は、日系企業と地場企業との間に大きな認識のギャップが存在する。日系企業が必要だとするQCDのレベルとローカル企業が適当だとする基準には大きな違いが見られる。

5　基盤的技術分野の勃興

先にも言及したが、ベトナムでは機械産業の発展に必要かつ不可欠である基盤型技術分野の未発達が一般に指摘されている[42]。

しかしながら、近年、ベトナム（北部）ではこういった分野での産業が緩やかなペースではあるものの、次第に育ちつつあることも指摘しておかなけ

---

39) Honda Vietnamでのヒアリングによる（2013年7月30日）。
40) 2009年3月末現在のデータ（トラン・ヴァン・トゥ『ベトナム経済発展論――中所得国の罠と新たなドイモイ――』勁草書房、2010年9月、172ページ）。
41) Honda Vietnamでのヒアリングによる（2013年7月30日）。
42) 例えば、植田浩史「オートバイ産業」（大野健一・川端　望編『ベトナムの工業化戦略――グローバル化時代の途上国産業支援――』日本評論社、2003年3月）、231ページなど。

第 4 章　中小企業政策の現況と北部での基盤的技術分野の勃興

ればならない。例えば、**図表 4-8** をご覧いただきたい。本表はジェトロ資料の記載事項に基づいて、筆者が〈金型および治具〉製造を主な事業分野としている企業について各社の創業年ごとに抽出し、その結果を時期別に表にまとめたものである[43]。これによれば、「日系企業が求める品質レベルで部品を供給できる可能性が高いベトナム北・中部（傍点は前田）」（同ジェトロ資料）での基盤的技術分野の産業形成を窺わせるいくつかの特徴が指摘できる。

　第一に、1990 年代後半以降、とりわけ 2000 年に入ってから、新規創業の急増している様子が明らかである。90 年代前半期の 5 件から、90 年代後半には 13 件、そして 2000 年代に入ってからは前半・後半期とも 30 件を超えている。なお、1980 年代以前のものが 11 件見られるが、これについてはその他の時期も含め、金属加工／精密部品／メッキなどで国有企業がかなり含まれているためである。この 2000 年以降の急増に関しては、おおむね各技術分野についても窺われる。そして第二に、本表からは、2000 年以前の時期にはまったく見ることのできなかった金型産業の勃興が確認できる。新産業としての金型とそれ以外の産業分野との違いが鮮明になっているのも重要な点であろう。このことの理由に関しては、独立中小企業としての金型産業以外では、国有企業がまだ相当数見られることと、国有企業の民営化にともなう企業組織の変更（これも新規創業としてカウントせざるを得ない）が広範に見られることとも関係する。ただ、本稿では国有企業改革に伴う諸問題に関してはこれ以上立ち入らない[44]。

---

43) JETRO HANOI REPRESENTATIVE OFFICE『ベトナム優良企業（北・中部ベトナム編）
――金型、プラスチック加工、金属加工、精密部品、機械、電子電気部品、メッキ、他
――（第 2 版）』OCTOBER 2010。本資料は、ジェトロ・ハノイセンターが調査票の発送・回収等に基づいて、その調査結果をまとめたものである。
44) 国有企業が単一の組織としてそのまま株式会社となったもの、国有企業が分割されたのちその一部が株式化されたもの、分割された国有企業が合併したもの、さらには民間セクターに国家資本が新たに投入されたものなど、所有形態の変更を伴うさまざまなケースが広範に見られる。また、この**図表 4-8** を作成するうえで依拠した本ジェトロ資料では、国有企業としての成立年が記載されてはいるものの、現在は民間資本が 100％とだけ記されているものが含まれるなど、新規企業としての創業年次を判別できないものも含まれる。
　なお、トランは国有企業改革を分析するにあたり、その株式化と民営化概念との違い

図表 4-8 ベトナム北部での基盤的技術分野の形成（創業年）

	金型および治具	プラスチック成形／ゴム	金属加工／精密部品／メッキ	ケーブル／電子・電気部品	機械／重工業／大型機械部品	梱包材／工業用塗料	合計社数
1980年代以前	0	0	7	1	2	1	11
1990〜94年	0	2	3	0	0	0	5
1995〜99年	0	3	3	3	2	2	13
2000〜04年	4	4	17	7	1	4	37
2005〜09年	4	6	13	3	2	7	35
合計	9	20	47	14	8	14	112
不明	1	5	4	0	1	0	15

（出所）JETRO HANOI REPRESENTATIVE OFFICE『ベトナム優良企業（北・中部ベトナム編）——金型、プラスチック加工、金属加工、精密部品、機械、電子電気部品、メッキ、他——（第2版）』OCTOBER 2010 の記載事項に基づき筆者が作成。

なお、ベトナムではこういった企業名簿は未整備かつ不十分であることと、そしてここで参照したジェトロ作成資料も悉皆調査ではなくてアンケート調査に依拠するものである点、そして繰り返しにはなるが創業年とはいっても企業組織編成（所有形態）の変更に伴うものもかなり含んでいることなどに注意が必要である。

さて、**図表 4-9** は同資料に基づいて、製造されている金型の型種別に分類したものである[45]。これによって注目されるのは、金型産業ではゴム成型用やプラスチック成型用を中心に揃いつつあるという事実である。本表のなかで、中小企業が数多く含まれると考えることのできる Mold and Die/Jig では金属プレス用が見られないが、ここでもゴム成型用やプラスチック成型用が多いという全体傾向と一致している。

また、前表（9社）と比べて、ここでは金型を製造している企業数が非常に多い（64社）。これについては、先の表が独立中小企業を中心とする回答

を指摘する。すなわち、株式化には国家による資本所有の残る場合が含まれるので民営化概念よりもより広義とされている（前掲書、139〜143ページ）。

45) 本表で注意すべきは、複数の型種の項目を挙げている企業の多いことである（複数回答による）。もちろん、中小企業だけではなく、大手の国有企業が内製しているケースも相当数見受けられる。

第 4 章　中小企業政策の現況と北部での基盤的技術分野の勃興

図表 4-9　金型の型種別分類

	掲載社数	プラスチック成型用	プラスチック・インジェクション用	ゴム成型用	金属プレス用	その他
Mold and Die/Jig	9	5	3	6	—	2
Metal processing Precision Parts/Plating/Coating Only	47	7	8	8	9	8
Machinery/Heavy Industry/Heavy Machinery	8	2	1	2	1	2
合計	64	14	12	16	10	12

(出所) 前表と同じ。

　が多かったのに対して、本表では国有企業(およびその後での所有形態変更企業)で金型を内製しているケースの多いことなどを反映しているためと思われる。

　いずれにしても、ベトナムの経済開発にとって、JICA などでは比較的早い段階から金型産業を中小企業のなかでも育成がきわめて重要なものの一つとして位置づけてきた。しかしながら、1997 年 11 月発行のある報告書では、「ヴィエトナムにおいては、現在のところ金型産業は皆無の状態である[46]」と嘆かれるほどの状態が続いていた。

　同報告書では、ベトナムが金型産業の育成には有利な環境にあることを指摘し[47]、その育成のための政策シナリオを提示している。同シナリオでは第 1 段階から第 3 段階までに分けてそれぞれについて次の政策目標が掲げられている。紙幅の関係上、その目標のみを記すと、第 1 ステージ(2005 年まで): 金型生産に必要な人材の育成期、第 2 ステージ(2006～2010 年): 金型生産の経験蓄積期および国内金型企業の設立期、そして第 3 ステージ(2010～2020 年): ベトナム資本の金型企業の発展期である。第 2 ステージでの具体

---

46) ヴィエトナム社会主義共和国投資計画省・日本国国際協力事業団『ヴィエトナム国市場経済化支援開発政策調査(第 2 フェーズ)概略報告書』1997 年 11 月、86 ページ。
47) その第一は、家電や電子産業分野での潜在市場が大きく、外資の進出意欲が根強いこと。第二は人件費が比較的に安価であること。そして第三としては、国民の資質が適合的なこと(手先の器用さ、自分で工夫する能力の高さ、エンジニアリング能力の高さ、新しいものへの受容性、高等教育を受けた者でも現場志向の見られること、数学的能力の高さ)が指摘されている(同上書、87 ページ)。

的な施策としては、「金型工業団地」の本格稼動（金型企業の集積度を高める）と創業人材に対する独立支援の展開、そして第 3 ステージとしてはベンチャー・キャピタルによるリスク・マネーの提供とだけ記されている[48]。現状はそれぞれの施策内容ならびに金型産業の発展段階と必ずしも符合しないが、おおむね現状は第 2 フェーズの位置にあると思われる。ただし、この第 2 ステージは本シナリオが想定しているよりもずっと長く厳しいプロセスであることは間違いない。むろん、第 3 ステージへの到達は現状考えられず、金型産業の育成はようやくその緒についたばかりと言わざるをえない。

6　おわりに

　ベトナムで中小企業政策が具体化してきたのは 1998 年頃からであり、今日に至るまでほぼ 20 年という短い期間しか経っていない。中小企業の定義は 2009 年に政令 56 号の公布により定められたが、これとてわずか約 10 年前であるにすぎない。しかも現状では中小企業の企業数ですら明確に把握されているわけではないし、十分に信頼に足る企業リストは未だ存在しない。

　それにもかかわらず、他方において計画投資省などが中心になって多面的なベトナム中小振興策が展開されようとしているのも事実である。本章では、その一端として、AED 傘下の TAC（中小企業支援センター）の活動を紹介してきた。規模が小さく、しかもスタッフが企業の現場を知らないという致命的とも言うべき問題が存在していることも指摘した。とはいえ、そのような制約下のもとにあっても、JICA による支援活動の一環としてベトナム地場企業の工場建屋に入り込み、黙々と献身的な改善指導努力を積み重ねておられる日本人シニアボランティアの方たちがおられた。日本のモノづくりの第一線に立っていたこういった人々によるベトナム製造中小企業振興に対する真摯な活動が尊い。また、同じく JICA 支援の枠組みにおいてベトナム産業人材育成への試みも継続的に行われている。

---

48) 同上書、88～89 ページ。

第4章　中小企業政策の現況と北部での基盤的技術分野の勃興

　ただ、ベトナム企業に対するこのような精力的支援や産業人材育成の試みにも関わらず、ベトナムでの裾野産業育成はまだまだ不十分であり、裾野産業が自立的に成長してきているとは言い難い。そこには裾野産業の定義が曖昧なことによって政策支援対象が絞り切れないとの制約があるように思う。また、裾野産業の成長が不十分なことによる現地調達難は――日系進出企業がかなり出揃ってはいるが――、ほとんど解消されていない。

　とはいえ、本章においては、近年のベトナム北部において、日系企業が求める品質レベルで金型産業が緩やかながらも成長しつつあることの一端を明らかにした。ベトナムはかねてより金型産業の育成には有利な環境にあることが指摘されてきたが、ここにきてようやく成長の兆しを感じとることができるようになった。

　次の課題は、このような金型産業の成長の兆しがその本格的な発展につながるのか否か、あるいは金型以外の基盤的技術分野での産業形成につながるのか、さらにはそれらの産業形成の担い手はいかなる人たちであるのか、そのような担い手はいかなる条件下で自生的な動きとして定着していくのか等々の解明である。

第5章　北部機械金属系中小製造業の勃興と創業者の基本的特徴
——エリート資本主義の萌芽か——

1　はじめに

　ベトナム北部において、近年、機械・金属加工の基礎的な産業分野において進出日系企業と直接に取引しうるような技術的・品質面などで高い水準を備えたベトナム中小企業の勃興が見られる。

　このことについては前章で言及したところであるが[1]、これら中小企業の創業者たちはいかなる特徴を持った人たちであるのか。どのような経緯でもってこれら新規企業を立ち上げたのか。本章ではこれまでまったく知られることのなかったベトナム北部における機械金属系中小製造業企業でのベトナム人起業家たちの行動を跡づけたい。ベトナムが国際経済への参加と歩みをともにしつつ、市場経済化をいっそう推進していくうえで大きな役割を果たしている（あるいは果たしつつある）、彼ら・彼女らの創業に際しての基本的な特徴点を整理してみよう。

2　ベトナム北部での新規開業の叢生

　ベトナムがWTO加盟の実現（2007年1月）など、国際経済社会のなかで生きていくと決めてからの数年間で、ハノイとその北部周辺各省ではベトナム地場中小企業が続々と誕生している。そのうちの少なからぬ企業群ではす

1）前田啓一「ベトナム中小企業政策の現況と北部での基盤的技術分野の勃興について」『地域と社会』（大阪商業大学比較地域研究所）、第17号、2014年10月〈本書第4章に収録〉。

でに進出している日系企業との直接取引に着手可能なレベルにまで技術面などでの水準が向上してきている。周知のように、日本企業の外注方針における要求水準はきわめて高く、これまでベトナム地元企業では日系企業との直接取引になかなか参入できなかった。

筆者はここ数年間のうちに、この地域でのベトナム中小企業へのインタビュー調査を重ねてきた。その一連の過程のなかで、ベトナムの中小企業のなかには、JICA等国際機関の支援を受けつつ、技術レベルを飛躍的に向上させている中小企業群が存在することに気付くようになった。さらには、これら中小企業の創業者のなかには自らの留学経験等を背景に、事業開始当初から日系企業などとの取引可能な技術的かつ品質上での水準を意識しつつ企業活動を展開する事例も見られる。

本章では、まず、これらベトナム中小企業の基本的特徴から概観しておきたい。**図表 5-1** は、筆者による面談聴取企業の概要をまとめている。ここではまず、A社からJ社までのほぼ全ての企業の創業年が、なかには1990年代末期のものも見られるが、おおよそ2000年～2005年と非常に若いことを指摘せねばならない。ベトナムが近年に国際経済へ参加してのちに、新規開業が相次いでいることが明瞭に見てとれる。ここでの企業事例は次節で詳述するように、金型製造や金属熱処理ならびにアルミダイカストなどバイクを中心とした二輪・自動車関連を含む機械・金属部品の製造加工業がほとんどである（ただし、I社は農業機器の組み立て販売であり、ここでの唯一の例外である）。主な納入先はいずれもがベトナム国内の大手日系バイク・アセンブラー（ホンダやヤマハなど）の日系一次サプライヤー向けがほとんどであり（後掲の**図表 5-2** を参照されたい）、セットメーカーに直接納入の場合もある[2]。日系のバイク・アセンブラーはもとより、日系一次サプライヤーなどとの直接取引ができるほどの実績を有するベトナム中小企業群の叢生に目を奪われる。

---

2) ベトナムにおけるバイク産業の形成と発展過程については、三嶋恒平『東南アジアのオートバイ産業――日系企業による途上国産業の形成――』ミネルヴァ書房、2010年5月の第8章が詳しい。

図表 5-1　面談企業の設立年と社長の属性

企業	面談年	面談者	会社設立年	社長の属性（前職を含む）
A社	2012年、2014年	会長（創業者）、取締役（会長の従弟）	1998 竹籠製造、2005 金属熱処理	50代後半？
B社	2012年	社長（創業者）	1998 商社、2001 アルミダイキャスト	50代前半？、女性
C社	2013年	工場長（社長の義弟）	2003 商社、2008 熱処理	実質創業者（日系での勤務歴あり）は大学教員で副社長（夫人が社長）
D社	2013年	社長（創業者）	2005	前の勤務先で金型技術を6～7年学ぶ
E社	2013年	社長（創業者）	2001	創業者（社長）は14年間政府系機関に勤務、3か月間のイギリス研修（技術訓練コース）
F社	2013年	社長（創業者）	1998	41歳（前職飲料水メーカー）、2008年現在の社名に
G社	2013年	会長（創業者）他	2000 商社、2010 金型	国有企業や外資系企業での勤務（日系勤務歴なし）
H社	2013年	副社長	2004（但し、以前から個人事業開業）	
I社	2014年	取締役（創業者の次男）	2002 商社、2009 農業機器組立	創業者は1989～90年頃民営企業勤務、長男ホーチミン第2工場実質的経営（肩書き不詳）。長男・次男がアジア諸国市場調査
J社	2014年	社長（創業者）	2007	42歳（ヤマハベトナムに8年間勤務）

(注)　記載内容はいずれも面談当時。
(出所)　各社へのヒアリング調査に基づき筆者作成。

　これらベトナム中小企業10社の創業経緯や現在の事業内容はいかなるものであるのか。また、起業家たちの創業経緯になにか共通点が見られるのであろうか。以下では、各社の詳細を明らかにしていくことにする。

3　ベトナム中小製造業の創業と事業内容

　本節の以下では、これら10社での面談記録を踏まえて、それぞれの事業概要をある程度詳しく述べておきたい。これらの記述内容から近年活発になってきたベトナム新規開業企業群でのいくつかの特徴が浮かび上がってくる。調査時期はいずれも2012～2014年である。

① A社

　当社は、ハノイ北西部ビンフック省で精密機械部品の生産・加工、なかんずく自動車やバイクの金属部品生産を行っている。社内でプレス金型、溶接用治具、検査用治具の設計・製造も行うベトナム北部での特筆すべき高度な技術力をもった地場ローカル企業の一つである。

　同工業団地内の当社第1工場は面積 8,000㎡で従業員数が500名、そしてビンフック省の西側に隣接するフートォ省のトゥイヴァン（Thuy Van）工業団地には面積 53,000㎡・従業員数 1,600名の第2工場を有している。第1工場では主に金型の製造、第2工場では金型の補修と自動車やバイクの金属部品生産に従事している。2005年の創業からほぼ10年間しか経過していないが、従業員数は2007年の188人から2011年の1,500人へと急増し、その間の売上額も15万3,400アメリカ・ドルから2,200万ドルへと143倍以上にもなり、急速な成長を遂げている。

　当社の創業者（現・会長、Chairman）は、50代後半頃と思われる精力的な人物である。彼は、ウクライナ（当時・ソ連）の大学への留学ののち1998年に帰国し、翌年に友人2人とともに豆腐などを入れるための竹籠を日本向けに製造・輸出する企業を創設した。この会社は創業当初は利益率が高く、ひところワーカーを400名も擁するほどであったが、2001年年末にもう一人の創業者の法律上の問題もあって解散した。

　そののち、会長は2002年から2007年までは現在地の近隣にある VPIC (Vietnam Precision Industrial JSC) という台湾系金属加工業の企業に会長補佐として勤務した。この会社はホンダ、ヤマハ、フォード、ピアッジョなどをエンドユーザーとする技術力の高い企業であった。そののち、2007年7月から同年12月末まで、ベトナムの台湾系企業である FOXCON に勤務した。この間、会長は2005年に兄とともにA社を創業している。ただ、会長がその頃は前述のように VPIC に勤務していたこともあって、兄の夫人（義理の姉）が当社の社長に就いた。そして、現在では、副社長を会長の兄が、これら創業者両名の従弟が取締役の1名（後述）についているという同族色の濃いベトナム企業である。

第 5 章　北部機械金属系中小製造業の勃興と創業者の基本的特徴――エリート資本主義の萌芽か――

　会長自身は 2008 年 1 月に FOXCON を退職し、以後 A 社の発展に力を注ぐ。ただ、彼自身の説明によると、前年の 2007 年から実質的には当社の仕事を行っていた。2005 年 5 月の当社創業時はレンタル工場への入居であったが、2006 年 3 月には早くも現在地に移転した。そして、2007 年 7 月にはホンダの一次サプライヤーとして認定されるほどの品質管理能力を向上させた。さらに、2013 年 10 月より電装品の製造・販売企業である日系メーカーにバイクのコントロールユニットを納入するまでになった。

　会長は VPIC に勤務していた頃から日系企業との取引着手を考えていた。幸運にもホンダ側が 2007 年から新たなサプライヤーを探すようになり、連絡をとったところホンダの担当者が当社工場に来訪した。会長の説明では、ホンダの正式なサプライヤーになるためには多くの段階での企業評価に合格する必要があり[3]、A 社が 2007 年にホンダの一次サプライヤーとしての認定を半年という短期間で受けられたたことはその後における当社発展の大きな原動力となった。2007 年当時、当社では、旧式技術と設備を更新する必要があったし、従業員が少なく経験も不足していた。そしてなによりホンダが最重要視している品質管理システムが充実していないなどの課題を抱えていた。とはいえ、先にも述べたように会長ならびに現在の副社長がともに VPIC に勤務していたことで技術経験を蓄積したことが大きなブレークスルーを実現させた。同社では、以後、ISO9000、ISO14000、TS16949（自動車部品向けの規格）を次々取得していく。

　A 社が企業として成長していく原動力になったのはこの間での品質管理能力の向上とさらにもう一つ別の要因があった。それは、2009 年当時、ホンダの関係会社である VAP 社（Viet Autoparts Company Limited, ホンダが 90％出資）がそれまでのバイクの金属フレーム製造から鋳造へと主たる業務内容を転換

3）まず、第一段階はホンダベトナムの購買部門による評価を受ける。この段階は、ホンダのベトナム人社員による評価である。次いで、第二段階として同じくホンダベトナムの日本人購買担当者が評価する。第三段階は、ホンダベトナム日本人担当者による当社 QC 部門の評価。そのうえで、第四段階としてはタイにあるアジアホンダの評価を、さらに最終の第五段階として日本のホンダによる評価に合格しなければならない。

させるにともない、従来の金属フレーム生産を VPIC、GOSHI、タイ・サミットそして当社の4社に委ねるようになったからである。その時以来、当社の売り上げは飛躍的に向上していった。なお、2009年から2011年にかけて、VPIC とタイ・サミット両社では受注増を背景に品質とデリバリーが急速に悪化していった。ところが、A社では会長等の努力により、品質・納期の向上が続いていく[4]。現在、ホンダ・バイクの金属フレームに関する受注シェアは、A社52％、VPIC32％、GOSHI14％、その他が5％で、当社は VPIC を上回りローカルサプライヤーのなかでのトップの位置を占めるに至った。

当社はホンダに直接納入できる現地企業では数少ない一次サプライヤーである。また、GOSHI、NISSIN、STANLEY などの日系サプライヤーを通じてもホンダに部品を供給している。直接納入分とこれら日系サプライヤー経由の双方のルートでホンダに当社製品の85％以上を納入している。そして、2011年にも2010年に引き続き品質優秀賞を獲得するほどの高い評価をホンダより得ることができた。

このように高い品質水準と顧客からの信頼を獲得できている当社には、日本での滞在経験が13年間と長く日本語を流暢に話す、創業者両名の従弟がいる。彼は一橋大学大学院で金融工学を学んだのち、FPT JAPAN に勤務した。ベトナムには2011年に帰国し、当社に入社した。A社がベトナム・ホンダとの取引関係が密接である以上、日本に馴染みの深いこの人物の今後果たすべき役割については大きなものがあるだろう。

② B 社

B 社は、2001年創業の自動車ならびにバイク部品の製造加工メーカーであり、現在はアルミダイキャスト、機械加工そして塗装を行っている。資本金は350万アメリカ・ドルで、従業員数は135名、そのうちおよそ10％が

---

[4] 最近では、品質が PPM（piece per million）10 そして納期は PPM0 という優れた水準を達成し、2010年にはホンダの品質優秀賞を獲得した。そして、2011年に新モデルが開発されるに伴い、ホンダからの金属フレームとボディ関連の大半の仕事がくるようになった。

大卒者である。創業者は事業意欲が旺盛かつ向上心の強い女性である。彼女はハノイ工科大学で熱処理などの機械・金属加工を学んだのち、ソ連（当時）の大学に3年間留学し修士号の学位を取得した。

ソ連からベトナム帰国後の1998年には、弟が新潟大学に留学していたこともあって、従業員15名からなる日本製中古バイクの輸入販売のための商社を設立した。しかしながら、会社設立ののち、しばらくしてベトナム政府が日本製中古車の輸入禁止に転じ[5]、同社の存続が困難となった。そのため、2001年にはバイク部品の製造に転じた。オートクラッチ、エンジン周り部品を主要生産品目とする同社は、操業当初は部品の全てを中国から輸入していたが、次第に内製に切り替えるようになった。ある報告書では、「製品はベトナム企業へ納入、性能評価は高い、寿命的には日本メーカーが要求する性能より弱いかもしれないが十分使用に耐えられるものが出来ている[6]」とされる。

さらに、彼女は2008年以降に日系企業向け製品作りに着手する。ベトナム企業向けでは製品の品質が低いままに留まり、今後の発展を見込むことができなかった。日系企業との取引開始については、当社がベトナムでバイク用各種スイッチなどを製造している日系進出企業に営業をかけたことによる。そののち、先方から他の日系企業の紹介も受けるようになった。

現在は、アメリカとドイツ向けの一部輸出品を除き、主要顧客はベトナムにある日系企業である。ただし、ホンダやヤマハとは直に取引するのではなく、ホンダ向けには進出日系企業へ納入している。これらの企業から材料を支給され、当社では加工のみに従事している。つまり、ホンダやヤマハといったアセンブラーから見れば典型的な二次下請企業ということである。ベトナムのローカル・メーカーがこのようなホンダを頂点とする下請構造に組

---

5) ベトナム政府によるオートバイ産業政策の「迷走」ぶりに関しては、関　満博「ベトナム市場経済化の基本構造」㈳経営労働協会監修／関　満博・池部　亮編『ベトナム／市場経済化と日本企業』新評論、2006年6月に所収、23、28〜30ページを参照。
6) 独立行政法人国際協力機構経済開発部『ベトナム社会主義共和国中小企業技術支援センタープロジェクト事前調査報告書』2006年6月、別12-49ページ。

み込まれている事例を示すものとはいえ、日系サプライヤーが現地調達しうる技術水準を備えたベトナム中小企業として注目される。なお、上記報告書は当社について、「女性経営者ながら4年半でここまで立ち上げた経営能力は優秀。今後に期待したい[7]」と総括している。

③ C社

ハノイの西方にベトナムでは名高いホアラックハイテクパーク（Hoa Lac High Tech Park）がある。今回、訪問面談できたのは同パーク内にあるC社である[8]。

当社の実質的創業者である副社長はハノイ工科大学で熱処理技術を学んだのち、現在は大学の教員として勤務している。卒業後、彼は1990年代半ばにベトナムに進出していた日系金型メーカーのビナシロキ[9]に入社した。ビナシロキでは熱心な日本人技術者の部下として精密加工技術の習得に努めた。

当社は2003年に日系メーカーから検査機器等の輸入販売を行う代理店として開業した。言わば商社としてのスタートである。のち、2008年からは熱処理加工とそれに伴う機械加工も手がけるようになった。熱処理業務としては、作業工具、金型、自動車・航空機部品等に関する真空焼入れ、浸炭窒化そして焼き戻し加工を行っている。機械加工については、現在、ベトナム企業やフランス企業向けの家具類（スチール椅子）の設計・製造を行っている。現在のところ、当社の売り上げに占める熱処理加工の割合はおおよそ70％である。

副社長によれば、当時ベトナムには熱処理専門の企業がなく、有望市場と考えたことが熱処理企業としての創業の理由である。現在でも、ベトナム北

7）同上書、別12-50ページ。
8）工場長との面談。この人物はハノイ工科大学を卒業の後、台湾への留学を経て、当社の設立に伴い入社した。社長の義理の弟である。
9）現地資本のHanoi Mechanical Company（HAMECO）が25％、そして日本企業のシロキ工業が70.9％出資した合弁企業。ビナシロキは1995年5月にハノイに設立されたが、本業の自動車部品に関係する金型生産がほとんどないままに推移し、2005年5月に解散した（http://www.shiroki.co.jp/news/pdf/170513.b.pdf#, 2014年12月24日閲覧）。

部で真空焼入れが可能な企業は当社のみで、南部にはあと1社が見られるだけである。また、創業資金に関しては、全体のうち20％を親から、30％が兄弟姉妹、そして40％が銀行借入である[10]。

熱処理業務に関してはそのほとんどが進出日系企業との取引であり、主な品目はプラスチック用金型と治具である。このように当社の主要受注先が日系企業であるということはこの企業が日本企業から信頼を得ていることの表れである。

当社がベトナム北部では真空焼入れの加工が可能な唯一の企業であるとはいえ、技術レベルとそれの向上に関する意識はまだまだ低いレベルに留まっていると言わざるを得ない。そのことは、当社の強みについて尋ねた筆者に対し、工場長の回答からも窺うことができる。熱処理の品質安定と適切な品質検査の実施とが今後の課題であるとしながらも、熱処理技術を理解しているのは副社長とこの工場長の二人にすぎず、問題が発生した場合には工場長自身がインターネットを参考にしつつ解決していくという。結局のところ、技術についてのこのような認識は、現在31歳と年若くしかも経験年数が不足している状態のまま、親戚であることを理由に工場長を任されていることにもよる。一般的な指摘ではあるが、適切な技術レベルと経験を備えた中間管理職が未だ十分に育っていないことが大きな問題であると感じられる。

④ D社

2005年に創業したD社はハノイ市内の道路沿いに立地する金型メーカーである。創業者である現社長は、ハノイ市内にある前の勤務先で金型技術をおよそ6～7年学んだのち、当社を立ち上げた。創業当初は製造機械を2台しか保有しておらず従業員は2～3人だったのが、その後は次第に増え現在での従業員数は20名（うち、工場は15人）である。創業資金は社長の手元

---

10) 副社長への私の問い合わせに対する2013年3月13日付けEメールによる返信。
　　たとえ一部にせよ、銀行から創業資金を借り入れて創業することができたおそらく数少ない事例の一つだと思われる。中小企業金融が未整備なベトナムで事業を開始することのできた企業についての資金調達の研究が必要であろう。

資金のほか、親戚や友人から借金することにより賄い、銀行借入はなかった。ただ、2011年には銀行から会社の運転資金を少しだけ借り入れたものの、翌年には返済を済ませた[11]。

　製造品目はプラスチック加工用の射出成型金型がメインではあるが、このほかにもアルミダイキャスト用そして金属プレス用の金型も製作している。売り上げはベトナム企業、日系企業そして韓国企業が多く、なかでも日系企業への売上比率は約30％である。そして、その金型による最終製品はバイク、電気・電子関連等々である。日系企業への販売比率が結構高いとは言うものの、日系サプライヤーを通じて、セットメーカーに部品を供給することが多い二次下請企業である。また、より下位にある企業に仕事を外注することはない。ただ金属材料については、その材料を切断したうえで表面を粗削りし、その上で納入させるという外注は行っている。

　工場内には"良い"技術者がいて、彼らは4〜5年の経験年数を有している。ベトナムでの金型産業の歴史は浅いことから、経験年数がわずか4〜5年とはいえ、当地ではそれなりのキャリアであることは間違いない。採用に関しては新卒者が主体ではあるものの、他企業からの転職者もいる。ワーカーについては専門学校ないし職業訓練校の卒業者が多い。ただ、技術的に困難な仕事に関しては受注時に断ることもあるが、問題解決の方法について友人（大学当時の同級生で同業の社長など）や得意先に尋ねることもある。要するに、ここでは公的ないし組織的な技術移転のネットワークよりも個人的なつながりのほうが有効に機能していることが示唆されている。

⑤ E社

　トゥ・リエム工業区（Tu Liem Industrial Zone）にあるE社は2001年に開業した。創業者は現社長と会長の二人であり[12]、創業当初に従業員2名を採用

---

[11] 新規の設備投資のために、「銀行から融資を受けるのはきわめて難しい。なぜなら、借り入れ時での金利がすごく高いことと銀行に対する政策が頻繁に変更されるからである」（社長談）。

[12] 会長は技術面、社長が営業面という分担である。なお、この二人がいかなる人間関係な

した。社長は大学卒業ののち、1985年から1999年までの14年間はベトナム政府工業省（現在の商工省）所属機関に勤務した。1999年から2000年の1年間は民間におり、創業のための準備を行っている[13]。

社長は大学で金型技術を学ばなかったものの、前職勤務中に、イギリスで3ヶ月間の技術訓練コースに参加することができ、このことは彼にとって大きな刺激となった。当時、ベトナムでは金型技術が見られなかったことから、新しい産業として同氏には面白いものと考えられ、このことが創業のきっかけになった。さらに、ベトナム政府が1998年から積極的な外資導入政策に転換するなど、企業を取り巻く環境が好転したこともあって、創業当初でも多くの注文が舞い込む状態であった。創業資金に関しては、自己資金が乏しく銀行借入もできなかったが、得意先から注文の一部を前払いとして受け取ることにより資金調達が可能となった。現在の従業員は約45名で、うち8人が事務所におり、その内訳は金型設計等技術者が5名、会計事務が1名、そして社長と会長である。残りの37名は工場内ワーカーである。

直近の年間売上金額（2012年）は約100万アメリカ・ドルと大きい規模を有している。このうち金型はおよそ6割を占めている。ゴム金型がメインで、これに加えて一部治具やプラスチック成型品も扱い、商社機能も有している。商社としての販売先は日系企業がおよそ75％で、ベトナム企業が15％、残りが台湾企業である。ゴム用金型製造を中心とするきっかけは会社設立の翌年にバイクのタイヤを製造する日系企業からの依頼で小さな穴のある金型試作品を製作したことである。

当初、日系企業の注文は"精度の面でうるさくて嫌だった"が、品質が次第に向上するにつれて受注が増えていった。日系企業の品質基準をクリアするためには優れた機械設備が必要である。創業当初はソ連製の機械を購入していたが、うまくいかず日本製中古機械に転換し、現在は台湾製を使用して

のかについては今回の面談調査では確認できなかった。

13) 民間の経歴があるとのことであったが、その点についてさらなる質問を行ったところ、「実際は他企業ではなくて、従前の職場で民間として自分の仕事の創業準備に携わっていた」との回答を得た。

いるものの、将来的には日本製の新品機械を購入したいと考えている。

当社の一番の成功事例としては、ベトナムで有名なブランドのバイク用ヘルメット製造のための金型を受注したことである。また、受注先ならびに外注先（外注先は3社）との間については友人関係であることを認めることはできない。当社のケースでは、創業者二人の関係を除けば（ただし、具体的な関係については不明）、取引先との特別の人間関係は見受けられないようである。

⑥F社

F社は訪問当時41歳という若き創業者が1998年に友人たちとともに設立したバイクと自動車部品の製造企業である。創業後わずか5年間しか経過していないものの、現在の従業数は270名で、販売額は448万アメリカ・ドルにも上る（2012年実績）。バクニン省のクエボ工業団地Ⅱ内に本社がある。

創業にあたっては友人4～5人と"少額の"自己資金を出し合った。創業仲間のうち二人はハノイ工科大学での同級生で、その他の人たちは"友人の友人"という関係であったが、全員みな年齢的に近い。社長自身は創業までは飲料水メーカー（La Vie）に勤務しており、バイク部品の生産とは直接の関係をもっていなかった。友人たちは現在複数の企業を経営しており、社長自身もイノテック（INNOTEC）とテクノコム（TECHNOKOM）という別の二つの企業を経営している。両社は同じくバイク部品ではあるものの、異なる種類のパーツを生産している。

創業以来、当社は基本的には外資系企業向けの機械器具、機械用治具と検査用治具を製造していた。2003年には、中国製バイクの輸入組立のためのバイク部品を生産するようになった。2008年から現在の社名となり、同年9月より日系企業として最初の取引がホンダベトナムの子会社であるVAPとの間でスタートした。さらに2009年6月 Roki Vietnam、そして2011年5月には遂にホンダベトナムの正式なサプライヤーとなることができた。以来、当社はホンダにとって品質と納期の両部門でトップ・サプライヤーの地位を保っている。2013年2月には、またピアッジョベトナムについても正式サ

第 5 章　北部機械金属系中小製造業の勃興と創業者の基本的特徴——エリート資本主義の萌芽か——

プライヤーになった。現在の販売先は 80～85 社を数えるが、主要な直接販売先としてはホンダベトナム、VAP、Roki Vietnam、TS Vietnam、TS interseats、Tokai trim と日系企業が多い。なお、ホンダとの取引着手にあたっては当社が VAP に納入していた実績が評価されたことにある。すなわち、VAP への一次サプライヤーであった当社の工場をチェックするためにホンダの社員が訪問した折に、直接に売り込みを図ったという。当社は 2011 年 3 月よりアジア市場向けの輸出にも着手している。すなわち、ホンダ・フィリピンへのバイク部品の輸出を開始したのである。さらに、2012 年 10 月には日系自動車部品メーカー向けに自動車ブレーキのパーツを納入するようになった。

今日に至るまで同社は 120 点以上の部品を生産しており、その点数は近いうちにはおそらく 140 に達するものと思われる。同社の売り上げは 2008 年の 60 万ドルから、2009 年 180 万ドル、2010 年 320 万ドル、2011 年 340 万ドル、そして 2012 年が 450 万ドルへと急成長している。また、同社は 2008 年から銀行からの借り入れが可能となった。

前にも述べたが、当社は主にバイク用の金属部品を製造している。現在の主力生産品目はバイク用のステップ（足置き）であり、F 社はこれを VAP に販売し、VAP はそれにゴムを被せたうえでホンダベトナムに納入するという。大きな金型は外注しているが、小型の金型については内製が可能である。また、人手が不足するときには外注企業を使うが、そのような機会は稀とのことである。具体的には、メッキに関しては外注に依存しており、旋盤関係についても外注先が 1 ～ 2 社ある。また、ピアッジョベトナムに納品するバイク部品の熱処理に関してはタンロン工業団地内の他企業に外注している。

当社は明確な理念とビジョンを定めている。ビジョンとしては、F 社が国際的に知名度の高い自動車・バイクの部品メーカーになることが掲げられる。すなわち、①市場で求められている製品づくりに努める、②全従業員が先端技術、製品・サービスのマネージメント、品質管理システムの応用に努める、③開発志向の高品質で価格競争力を備えたサプライヤーを目指す、④世界的販売網の構築を目指す、と謳っている。私はベトナム地場のローカル中小企業の訪問を重ねているが、企業活動のビジョンと理念を明確に掲げているの

はきわめて少ないように思う。

　このように当社はホンダ向けなどのバイク部品の製造で急成長を実現しているのであるが、ベトナムでのバイク市場が飽和状態を迎えつつある状況のなかで、将来方向を模索している。社長はここ3～5年のうちはバイク部品をメインとしていくが、5年後にはバイク以外の分野にも挑戦していきたいという。

⑦ G社
　G社は、4社で構成される企業グループの1社である。このうちの3社が鉄鋼・鉄骨関係であるのに対し、当社は金型製作と精密プラスチック部品加工メーカーであり、キャノンやサムソン電子（携帯電話）などを得意先としている。
　会長は1994年にハノイ経済大学を卒業し、2000年に当社を設立するまでの5年間に国有企業や外資系企業数社での勤務歴を有する（ただし、日系進出企業で働いた経験はない）。2000年に設立された当時は鋼材を輸入し、加工を施したのちに国内販売を行う輸入商社であった。当社はこの会長を含めて、4人で創業した。全員が1万ドルずつを拠出しあい、総額4万ドルでスタートした。創業ののち、2004年には輸入鋼材の加工、そして2010年にはプラスチック成型用の金型ならびにプラスチック製品の製造販売に乗り出している。銀行借り入れは2000年での会社設立ののち、しばらくしてから可能になった。創業の間なくして、銀行との取引が可能になった数少ない事例であるが、これに関してはおそらく当社1社のみではなくて、グループ企業の存在が銀行側での融資判断の基礎になったと推測される。
　当社の主要顧客には多くの日系企業が含まれるが、その取引先開拓については会長自らの営業活動による。2013年の売り上げ目標は金型が60万ドル、プラスチック製品が250万ドルであり、面談時には達成されそうな勢いであった。金型の主要顧客の一つにはタンロン工業団地Ⅰ内の日系金型メーカーがある。ローカルのライバル金型企業は2～3社あるがこの日系金型メーカーによる発注量が大きいのでキャパの点から見ても当社の仕事が大きく減

るような心配はない。良質の金型を生産できるローカル地場企業は必ずしも多くないので、G社は外注していない。また、当社のプラスチック部品は、例えばキャノンのプリンターの内蔵部品に組み込まれている。従業員数は190名である。金型部門が31名で、残り159名はプラスチック部品製造部門ならびに間接部門である。現在、金型の設計担当者が不足しており、その確保が重要な課題である。

　ベトナム国内での金型産業の展望について会長は以下のような見解を有している。第一に、ベトナムにおいて金型振興政策はわずかに5年前から実施されてはいるものの、ローカルの金型企業が発展し始めてきたのは3年前頃からである。つまり、ベトナムでは金型産業の歴史は極めて浅いものの、その成長スピードは速い。第二は、人材の点についてである。2～3年前までは高卒者の多くが大学進学時に経済や貿易を専攻しようとしたが、最近では技術系分野への進学希望者も増えている。また、日本や韓国に数多くの研修生が出かけているが、3年間の技能研修を終えた人たちがやがては戻ってくる。すなわち、ベトナムでは技術系や技能系の人材が豊富である。第三は自分自身のような人材を増やすことが重要である。そのためには、資金力、忍耐強い性格、帰国した研修生等をまとめることのできるマネージメント力の三つが必要である。

　最後に、ベトナムの地場金型産業に対する2015年ならびに18年におけるASEAN経済統合の影響を尋ねたところ、次の3点で心配ないとの回答を得た。第一に、中間財としての金型産業は最終製品の生産現場と近接したところに立地する必要がある。金型の輸入では距離的・時間的に問題がある。また、金型部品についての関税は賦課されているものの、金型完成品の輸入関税は現在においてもすでにゼロである。第二に、金型生産のコストはタイや中国より低い。現在、当社では昨年からホンダタイ向けに金型半製品の輸出取引を開始するに至っている。第三は、キャノン、サムソン電子、LGなどのベトナム立地の大規模組立産業はベトナムの地場企業から金型調達ができなければ彼ら自身が困ることになるであろう。なお、会長は金型の企業団体が存在しないのはASEAN10ヵ国のなかでベトナムのみであることを強調し

た。これに関しては、現在、金型の同業者組織が日系金型企業を中心に設立されたばかりではあるものの[14]、ベトナム地場企業による同様の工業会組織がないことを指摘し、その必要性を述べた。

⑧ H社

精密機械加工を業務内容とするH社は2004年に設立され、金型製作と治具の製造を行っている。個人事業としての開業はそれ以前であるが、社長一人で友人や親戚から資金調達を行ったうえ、1～2台の機械で同社をスタートさせた。副社長によると、2004年の創業当初からヤマハとの直接取引が始まったという（その以前は間接販売であった）。現在では、販売先のほとんどが日系企業であり、販売金額のうち日系への依存率は80%以上である。日系との取引は毎年5～10%程度のコストダウン要求があるが、受注をこなすことで自社の能力向上につながっている。

工場の中は5Sが徹底されている。前年の販売金額はおよそ100万アメリカ・ドルで、治具の販売が約7割、金型が3割であった。なお、現在の従業員数は60名であり、うち50～55名が工場内での機械操作に携わっている。機械のオペレータは短期大学ないし専門学校卒で、高卒はほとんどいない。また、メッキと熱処理を除いて外注は行っていない。当社の開業以来、退職者のうち、5名がそれぞれ同じような事業分野で創業しているが、いずれも未だ企業規模が小さく製品品質も良くない。

⑨ I社

農業関連分野に従事するI社は2002年に設立され、現在の従業員数は65名である。主に、農業機器の組み立て・販売ならびに肥料・農薬の販売を行っており、2013年での販売金額はおよそ500万アメリカ・ドルという。生産する農業機器の内訳は、農薬噴霧器、除草機、稲刈り機である。ベトナ

---

14) ベトナム北部の日系金型メーカーが中心になり、「日越金型クラブ」が2013年5月に発足した。

ムで地場資本の農業機器メーカーは数少なく、なかでも農薬の噴霧器メーカーは当社だけである。しかしながら、噴霧器分野における当社の市場占有率は40%にとどまり、残りは台湾や中国からの輸入品が市場流通している。

　I社の第1工場はビンフック省のDai Dong工業団地にあって、同工場を実質的に経営するのは面談当時38歳の取締役である。彼の父はドイモイ以前から農業関係に従事しており、ドイモイ後の1989～90年頃には民営企業で勤務していた。しかしながら、父は転職を望み、そのためもあって2001年にはこの取締役とその長兄をタイ、中国、マレーシア、フイリピン、台湾へ"市場の調査と研究"のために海外視察に赴かせた。兄弟はこれら諸国のなかでも、台湾からより多くを学び取ることができ、2002年に肥料と農薬の輸入販売をメインとする当社を設立した。会社設立後、2002年から2005年までは主に農薬や肥料の梱包業を行っており、2005年には第1工場が稼働するに至った。父には3人の息子がおり、長兄にはホーチミンの第2工場を任せている。第1工場の周辺は環境面での制約があり、規制がより緩やかな南部の工業団地内に第2工場を設立したのであった。そして、2009年からは農業機器の組み立て事業に着手するに至る。しかしながら、このアセンブリ事業に着手した当初は、困難な課題がいくつも見られた。第一は、品質管理ができていないことであった。そのためもあって、2009年からの1年間で年間に5,000個しか製造できなかったという。当社ではこの問題に対処するために、社長以下が海外で研修を受け、またJICAシニアボランティアによる生産管理や5Sなどの指導を受けた。第二は、ベトナムで優れた部品サプライヤーを見つけられなかったとの問題である。サプライヤーとの情報共有やKAIZEN提案を通じて、取引企業のQCDが充実するようになり、現在のところこの第1工場からだいたい40～50kmの範囲内で40社以上のサプライヤーが存在するようになったという。2009年当時は、70～80%の部品を輸入しなければならなかったが、5年後の現在では80～90%の部品はベトナム国内で調達が可能になった。2つの問題点を克服することを通じ、今日においては1年間で14～15万個の農薬噴霧器が製造できるようになった。

⑩ J社

　J社は2007年1月22日に設立された機械の製造加工と制御装置分野での急成長企業であり、ハノイの某工業区に所在している。創業者で現在の社長は、1972年生まれで面談当時42歳（2014年2月）という若さである。ハノイ工科大学機械科を卒業した彼は、ヤマハベトナムに8年間勤務した経験を持つ。ヤマハでは、3年間をバイクのエンジンなどの組み立て技術を中心に生産技術部で、そして5年間は機械部品の加工と鋳造部門に従事した。2007年での当社の創業は、社長以外に4人との合計5名による共同出資である。これら5名で10万ドルを集め、社長はこのうちの2万ドルを個人として拠出した（銀行借り入れはない）。ほかの4人はいずれも投資のみであるという。

　J社は現在、機械設計・製造加工、電子部品の設計・加工・組み立てなどを行っており、従業員数は165名である。165名の内訳は、メカニック設計が23名、電子基板関係が3名等々である。主要な顧客層はおおむね三つの分野に分けることができる。第一は、自動車やバイク関係でヤマハやデンソーなどとの取引がある。第二は電子部品関係で、顧客はパナソニックやキャノンなど。そして第三は、ロボット関連等である。2013年での売り上げ構成でみると、90％は電子部品で、残りはバイクと自動車の部品がほとんどである。現在での顧客の95％はベトナム国内の進出日系企業で、残りの5％はピアッジョなどのヨーロッパ企業である。日系企業との初めての取引はパナソニックである。その頃における当社の生産活動は"失敗続きで"、利益がなかなか出ないながらも、2010年から銀行借り入れが可能になったことなどから設備機械の購入を進めた。昨年（2013年）には初めて輸出を行った。輸出先はインドネシアの日系進出企業である。

　165名の従業員のうち、半数強は大学や短大の卒業生であり、彼らは設計部と開発部に配属されている。当社はベトナムでも数少ない研究開発型企業の一つであると考えられる。従業員の残りの半数弱は総務部そして溶接や機械保全の技能者である。大卒者は同社で技術を学ぶことができ、しかも賃金

が高めであることから定着率はよく、"辞める人は少ない"[15]。さらに、ハノイ工科大学が行っているインターンシップ制度に参加し、年間7~8名の学生を受け入れている

現在使用している外注先はだいたい5社である。その業種別の内訳は、メッキ（軍関係の国有企業）、熱処理（台湾系の進出企業）、機械加工（本章で先述のH社）、曲げである。当社工場は清潔で、機械設備もハイテク化が進められている。このことについてはユーザーからの訪問指導があったがゆえのことではなくて、社長がヤマハ勤務中に5S活動やカイゼンへの取り組みのなかで学んだことを反映している。

以上のベトナム中小企業10社の事業内容のポイントを一括し、従業員数、業務内容、販売先（納入先）等々をまとめた**図表5-2**からはいくつかのことが明らかとなる。

第一は、これら10社のいずれもが創業してからのちわずか数年間しか経っておらず、実態としては今なお開業直後と言ってよいほどであるのに、開業後の数年間で従業員数が急増していることである。そのなかには、A社のように、2005年に創業し7年後には、従業員が2,100名（第1工場と第2工場の合計）に急成長している企業がある。また、これほどの急速な成長でなくとも、現在の従業員数が100人台3社（それぞれ135人、190人、165人）、そして200人台1社（270人）あることにも驚かされる。

その第二は、10社の従事する業務内容には金型や治具のメーカーが多く、この他にもアルミダイカスト、熱処理、金属部品製造と機械金属関連がほとんどであり、これ以外には電子部品と農業機器関連が見られる。もちろん、このことはベトナム北部で私がこれまで行ってきたインタビュー調査が主に機械金属系業種を対象としてきたという事実を反映しているだけにすぎず、他の製造業分野での実態調査が必要であることは言うまでもない。

---

15) 退職者のなかには独立開業者、合弁企業の出資パートナーになったもの、そして日本語や技術を学ぶために大学に入学した者などが含まれる。

図表 5-2　面談企業の事業概要

企業	従業者数	主な業務内容	主な販売先（納入先）
A社	500名（第1工場）、1,600名（第2工場）	精密機械・自動車・バイクなど金属部品の生産・加工、プレス金型、溶接用治具や検査用治具の設計・製造（ホンダ・バイクの金属フレーム生産ではローカルメーカーのなかでトップ）	国内（ホンダベトナム、日系第一次サプライヤー向け）、直接・間接を通じて、ホンダに製品85％以上納入
B社	135名	自動車・バイク関連アルミダイカスト（オートクラッチ、エンジン周り部品）	日系企業に納入、米独にも輸出あり
C社	工場7名、オフィス3～4名	作業工具、金型、自動車・航空機部品熱処理（真空焼入れ、浸炭空化、焼き戻し）	進出日系企業がほとんど
D社	20名	プラスチック金型がメイン、この他にアルミダイキャスト用、プレス用金型も（ユーザーはバイク、電気・電子関連等）	日系第一次サプライヤー、日系への売上比率約30％、この他ベトナム企業や韓国系
E社	45名	ゴム金型がメイン、この他に治具やプラスチック金型も。製造・販売	日系企業（売り上げ75％）、ベトナム企業15％、台湾系10％
F社	270名	バイク・自動車用の金属部品製造、主力製品はバイク用のステップ（足置き）、小型金型は内作可能	販売先80～85％。主要販売先は進出日系多い。2011年ホンダのサプライヤー認定。13年ピアッジオのサプライヤー認定。11年3月ホンダ・フィリピンにバイク部品輸出
G社	190名	金型と精密プラスチック部品の加工	多数の進出日系企業
H社	60名	金型（売上の3割）と治具（7割）	ほとんど日系（販売依存度80％以上）
I社	65名	農業機器（農薬噴霧器、除草機、稲刈り機）の組立販売。肥料・農薬の販売	国内市場占有率（農薬噴霧器）は40％
J社	165名	機械や電子部品の設計・製造加工・組立。ユーザーは自動車・バイク、電子部品、ロボット関連（売上90％は電子部品）	顧客の95％は進出日系、残りはピアッジョなどヨーロッパ系。2013年にインドネシア日系に初めて輸出

（注）記載内容はいずれも面談当時。
（出所）各社へのヒアリング調査に基づき筆者作成。

　第三に、その販売先としては日系の一次サプライヤーが多く含まれるが、うち2社（A社とF社）はホンダベトナムと直接取引を行っており、ホンダから一次サプライヤーとしても認定されている。むろん、ここでの最も重要なポイントは本表に掲載された急成長企業のほとんどが、ベトナムに進出している日系企業――なにもホンダベトナムに限らずとも――と直接であれ間接であれ取引可能な企業であるという事実である。進出日系企業と直接的な取引が可能な状態に達すれば、急速に成長する可能性が今のベトナムには存在する。ホンダベトナムを一つの頂点とする大手アセンブラー各社の正式なサプライヤーとして認定されることが、地場の新規開業中小企業にとってきわめて大きなビジネス・チャンスをもたらすことが明瞭である。さらに、H

社やJ社はヤマハベトナムとの直接取引を進めている。また、このように日系企業との直接取引に成功すれば、F社のようにホンダ・フィリピンにも輸出が可能となった企業も見られる。この他にも、ホンダタイへG社が輸出している。F社やG社のケースでは、ASEAN経済統合の深化とともに、ホンダの東南アジアにおける国際的な企業内分業の網の目のなかでそしてそれに深く組み込まれかつ対応していくことにより事業をさらに拡大していくチャンスが生まれてくると期待できる。

さらに第四番目として——図表5-2には示されていないが——、ベトナム中小企業では外注関係の未成立が一般的に論じられるものの、企業事例を通じて明らかにしたように、例えばF、G、I、Jの各社はメッキや熱処理などで外注関係をもっている[16]。また、ここでは触れないが、C社では日系や台湾系企業との間で仲間取引を行っている事実も確認できた。

4　創業者の資金調達と学歴等

さらに、中小企業10社の創業者にはどのような特徴が見られるのであろうか。本節ではまず、創業資金の調達方法（金融機関との取引関係の有無も含めて）、創業者の学歴（留学歴も含む）、創業人数、そしてその他の特記事項をまとめた**図表5-3**を見よう。

まず、創業資金をどのように調達したのかについては、その全額を創業者が一人で調達したというケースは皆無であった。ある程度の手持ち資金に加えて、親戚や友人たちからの借り入れで賄ったという事例が一般的である。創業時に銀行からの借り入れができたのはC社のみであり、銀行等の金融機関が創業資金をたとえその一部にせよ提供するケースは稀である（ただし、

---

16) 前田啓一「国際的時間制約下におけるベトナム経済の課題について」『大阪商業大学論集』第10巻第1号（通号173号）、2014年6月〈本書第1章〉では、筆者が2013年6～7月に行ったベトナム進出日系機械金属業種に対するアンケート調査の結果から、現地での外注関係が緩やかではあるものの着実に広がりつつあることを明らかにしている。

図表5-3 創業の経緯

企業	創業資金の調達・金融機関との取引	創業者の学歴（留学歴を含む）	創業の人数	その他
A社		ウクライナ（当時ソ連）の大学に留学	兄（副社長）と二人で、義姉が社長	1998年日本向け竹籠製造・輸出企業（2001年解散）、その後台湾系勤務、2005年にA社を創業
B社		ハノイ工科大学卒（熱処理などを学ぶ）、ソ連留学で修士号取得	本人	1998年日本製中古バイク輸入商社設立（しかし、ベトナム政府の政策変更により会社存続が困難）
C社	親（20%）、兄弟姉妹（30%）、銀行借入（40%）など	ハノイ工科大学卒（熱処理を学ぶ）・現教員	夫人が社長、義弟が工場長	
D社	手元資金、親戚や友人から借金。銀行借入なし	大卒	本人のみ	
E社	自己資本が乏しくて銀行借入ができなかった。得意先からの前払い	社長は大卒	2人（現在の社長と会長）	
F社	創業資金の調達は不明だが、2008年より銀行借入が可能に	ハノイ工科大学卒	友人4～5人で（うち2名は大学同級生）	創業以来、外資系向け機械器具、各種治具を製造。2003年中国製バイク組立のための部品製造。明確な理念・ビジョン
G社	4人の創業者が各1万ドル拠出。会社設立ののち間もなくして銀行借入が可能	ハノイ経済大学卒（1994年）	4人	4社グループの1社。当初は鋼材輸入商社。2004年鋼材加工、2010年プラスチック金型、プラスチック部品製造販売。2012年タイホンダに金型半製品輸出
H社	友人や親戚からの調達		本人	2004年設立時からヤマハに販売。退職者数名が同事業分野で創業
I社		創業者（父）の学歴は不明	父と二人の息子たち	農薬噴霧器メーカーは当社のみ。当初は肥料と農薬の輸入商社。2005年第1工場稼働、2009年農業機器の組み立てに着手
J社	5人で10万ドル。社長2万ドル拠出、銀行借入なし。他4名投資のみ。2010年銀行借入可能	ハノイ工科大学卒（機械科）	社長を含め5人	ベトナムでは数少ない研究開発型企業。インターンシップ制度に参加。従業員教育に熱心

（注）記載内容はいずれも面談当時。
（出所）各社へのヒアリング調査に基づき筆者作成。

　表中の急成長企業ではF、G、Jの各社のように、開業後でのおそらくは業績好調を背景に銀行借入が可能となった事例は散見できる）。この他、複数の創業者が資金を出し合って開業に至ったケース（F社、G社、J社）――ただ、この場合では経営は一人に任せ、他の者は他企業を経営するか出資者である――や、そしてE社のように得意先から販売代金の前払いにより資金を調達できた例も見られる。

　第二としては、創業者のほとんどが大卒であり、しかもそのうちの（判明

しているだけで）少なくとも3～4名がハノイ工科大学の卒業生である。ベトナム北部における近年の機械金属系での新規創業に関しては、ハノイ工科大学をある種の頂点とするエリート大学の高学歴者たちの存在を抜きにしては語ることができないように思われる。また、50代と思われる創業者の二人（A社とB社）はともにソ連（当時）へ留学した経験を有する。

　第三に、創業にあたっては、本人のみが一人で開業したというのが3社あり、残る7社はいずれも親戚同士あるいは大学時代の同級生を含めて友人の何人かとグループを組んで創業するというケースが一般的であるようだ。新規事業の開業というまさに大きな決断にあたっては、親戚や友人などまさに気心が知れ信頼感が育まれている数人でこのような取り組みに挑むことが多い。

　第四としては、いくつかの企業はまず商社を立ち上げ、しかるのちになんらかの理由に基づいて、メーカーとして製造分野に進出している。例えば、日本製中古バイク輸入業からバイク部品製造へ（B社）、そして鋼材の輸入商社としてスタートしたものの、数年後には鋼材の加工メーカーへ、そしてそのさらに数年後には金型やプラスチック成型加工業へと発展しているG社のような企業がある。機械設備や土地などの固定資本の調達に大きな資本を要する製造業と比べれば、商社の場合には必要資本量が小さくて済むためと考えられる。

5　新規開業者の四つの基本的特徴

　以上われわれは既述の通り、ベトナム北部での機械金属系中小企業10社の新規創業事情をかなり詳しく論述してきた。これらの記述内容を踏まえて、ベトナム人の彼（彼女）の決断の際に創業開始の決め手と考えられる要素を、明瞭に認められるケースについて、いま一度筆者が抽出しまとめたものが次の**図表5-4**である（もちろん、訪問面談時に聞き漏らしたケースも少なくないと思われるが）。それによると、創業の際に重要な要素と考えられているのは、資金面での制約の打破、創業に関する知識や起業関心の醸成、創業というある意味での冒険を決心させそれを実行に移すだけの信頼感やインフォーマル

図表 5-4　創業時での主な特徴

① 【資金面の制約解消】
　（ⅰ）親、親戚、友人からの借金で創業資金を確保（共同経営を含む）　C社／D社／F社／G社／J社
　（ⅱ）得意先からの前払いにより創業資金を確保　E社
　（ⅲ）商社としてのスタート　B社（1998年に日本製中古バイクの輸入販売）／C社（2003年に日系メーカーから検査機器等の輸入販売）／G社（2000年設立時は鋼材輸入）／I社（2002年設立時は肥料と農薬の輸入）

② 【知識・関心の醸成】
　（ⅰ）海外留学　A社（会長はウクライナ〈当時ソ連〉、取締役は日本）／B社（社長はソ連〈弟は日本〉）
　（ⅱ）海外研修　E社（イギリス）
　（ⅲ）海外視察　I社

③ 【信頼感／インフォーマルかつ濃密な人間関係の形成】
　（ⅰ）親戚関係（夫婦や親子を含む）　A社／B社／C社／I社
　（ⅱ）友人関係（大学同窓生など）　D社／F社／G社／J社

④ 【基礎的な技術の取得／進出日系企業や前の勤務先での技術習得】
　A社（台湾系企業に勤務）／C社（熱心な日本人技術者の指導）／D社／I社／J社（ヤマハベトナムに8年間勤務）

（出所）各社へのヒアリング調査に基づき筆者作成。

かつ濃密な人間関係の形成、そして製造業の場合には必要な基礎的技術取得の4点である。要するに、資金、起業モチベーション、信頼と安心感、基礎的技術習得の4つのいずれが欠けても創業意欲と創業実行力に不足するものがある。ただ、これら創業4要素のなかでもベトナム北部（ここでは、ハノイ市とその郊外）において最も重要なのは、ヒアリングにおいて様々な場面で強調された、地縁・血縁さらには同窓関係などインフォーマルかつ濃密な人間関係の形成であると思われる。

　このような創業四要素の重要性については、おそらくベトナムの中部や南部でも共通して存在するかもしれないが、これについての研究は皆無の状態であるから、ここでは北部についてその概略が確認できたという事実のみを強調しておきたい。

6　おわりに

　ベトナム北部での創業については、創業振興策（ほとんど見られないが）や企業・組織間でのフォーマルな取引ネットワークよりも、個人間での濃密かつインフォーマルな繋がりがさらに重要である。もともと日系企業に勤務

第5章　北部機械金属系中小製造業の勃興と創業者の基本的特徴——エリート資本主義の萌芽か——

し、そこでベトナム人従業員への技術指導に熱心な日本人社員に巡り会った、あるいはハノイの学校（大学）での先輩・後輩関係や友人たちとの出会い等々がきわめて重要なキーポイントになる。留学関係に関して言えば、ソ連（当時）や日本などでの留学経験がその後の創業経験にどう活かされているかについてはここで体系だって説明することはできないが、30～40歳くらいまでの比較的に若い年齢層の経営者に日本留学の経験者が多く、日本でのものづくりの卓越さについて肌身で感じとっている。また、40代後半～50代前半の年齢の経営者には当時のソ連や東欧諸国への留学経験を持つ者も少なくない。さらに、海外研修や海外視察も大きな刺激を与えている。

　繰り返しにはなるが、信頼感や濃密かつインフォーマルな人間関係の結びつきの個人的背景にあるのが、創業者の学歴である。すなわち、創業者のほとんどが大学卒業者であり、しかもその少なからぬ部分がハノイ工科大学などベトナムでのトップクラスの同窓生であることは無視できない。

　ベトナム北部のエリート大学卒業生が、留学などで国際経験を身に着け、続々と創業に踏み切っている。市場経済への移行ののち10数年を経過し、エリート層の一部が中小企業金融制度の未整備もあって、自身の手元資金や友人・親戚の資金提供も受け、創業当初から日本のものづくりで求められているものを熟知し（あるいは急速に吸収しながら）、新規に企業を開設している。中国とは、とりわけ企業の数とそのすさまじさという点で及ぶところではないものの、少なくともこのベトナム北部では「エリート資本主義」とでも名付けられうる可能性の萌芽が確認できるように思える[17]。ただ、一部エリート層が牽引するかたちでの創業ブームであるから——すなわちエリート

---

17) 丸川知雄『チャイニーズ・ドリーム——大衆資本主義が世界を変える——』ちくま書房、2013年5月参照。ここで丸川は、「家柄や資産に恵まれた特殊な人たちだけが資本家になれるのではなく、なにも資本を持たない普通の大衆でも才覚と努力と運によって資本家にのし上がっていく。そうした状況を……「大衆資本主義」と呼びたい」としている（同上書、10ページ）。さらに、起業が活発な中国の温州をとりあげ、そこでの企業家の学歴があまり高くなく（中卒と高卒で全体の95％）、職業経験もそれほどではないと彼らの特徴を指摘している（同上、37ページ）。つまり、「技術や知識、職業経験などがなくても、周りの成功者の真似をしていとも簡単に起業する」（同上、34ページ）というところが、今回われわれがベトナム北部で観察できた事実と大きく異なる。

は少数であるからこそエリートである——、膨大な数の人たちが創業する中国の「大衆資本主義」とは様相が大きく異なっている。ただ、中国と比べれば、たとえ少数であっても、グローバリゼーションの世界的潮流に適合しつつ、創業後での挫折にもかかわらず再び積極果敢に新規事業に着手し、あるいはその事業内容や生産品目を市場のニーズにあわせて巧みにシフトしながら成長している企業が見られる。彼ら・彼女らは、けっしてひよわなエリートではなく、粘り強く事業を持続的かつ積極的に展開していこうとする起業家である。

ベトナム北部では一部のビジネス・エリートに導かれた新規開業企業群が進出日系企業などと協力しながら、グローバル化がますます進むASEAN経済圏の一隅に現れてきている。まさしく、ベトナムなりのアントレプレナーの出現である。

数少ない事例で、しかもJICA関係の方たちによる紹介をうけたうえでの訪問であったことから本章の結論にはバイアスがかかっているかもしれないが[18]、調査からは金型を中心とするサポーティングインダストリーの一部ではベトナム資本での新規開業が続々と見られている事実を明らかにした。バイク部品の日系一次サプライヤーに直接納入できる力を備えたベトナム中小企業群の台頭が感じられる。しかしながら、彼らが外注を活用することは少ない。これら中小企業群のほとんどでは内製率が高く、周辺加工も含めた、外注可能な中小企業群の成立にはまだ至っていない。

ベトナム北部では、前述した創業特性を備える一部エリート層の若者を中心に新規開業に積極的な動きが見られるものの、そのうねりは未だそれほど大きくはない。JICAなど国際社会の支援に応え企業経営に習熟する人材が次第に誕生してきてはいるがいまなおその育成は不十分である。同時に、企業内での中間管理職の充実も急務である。

---

18) 本章で紹介・検討したベトナム中小企業10社はいずれも、「ベトナム裾野産業能力強化プログラム」(2010~2013年)において、JICAとベトナム計画投資省企業開発局との連携のもとでTAC-HANOI(ベトナム北部中小企業支援センター)に派遣された日本人シニアボランティアの方々が支援を行っている企業である。

第6章　バイク関連分野でのベトナム中小メーカーの多様な育成と創業プロセス

1　はじめに

　前章でわれわれはドイモイからの10数年間のうちにベトナム北部において、ベトナム人起業家による機械金属系中小製造企業の新規開業が続々と見られているという事実を明らかにした。ここにあって、彼・彼女らが新規創業に踏み切る契機として以下の4点が大きな影響を及ぼすことについて指摘したところである。すなわち、①資金面での制約の解消、②知識・関心の醸成、③信頼感／インフォーマルかつ濃密な人間関係の形成、④必要な基礎的技術の習得／進出日系企業や前の勤務先での技術習得である[1]。

　少なくともベトナム北部での新規開業については、企業・組織間でのフォーマルな取引ネットワークよりも、むしろ個人間での濃密かつインフォーマルな繋がりのほうが創業に際しての彼・彼女らの決断にとって大きな意味をもつと考える。ただ、機械金属系中小企業の新規開業に限って言えば、いささかの技術的知識を持たずに創業に臨むことはまずありえない。そのことは、ベトナムに限らず、日本でも事情は同じであろう。私は前章において個人間での濃密かつインフォーマルな人間関係の存在を強調したのであるが、本章

---

*　本稿は「ベトナムにおけるローカル中小製造業の創業と誕生プロセスの多様性について――日本人技術者と進出日系企業の役割から――」『大阪商業大学　東大阪地域産業研究会　調査資料』No.6、2016年2月（非売品）に掲載した拙論に加筆修正を施したうえで作成したものである。
1 ）前田啓一「ベトナム北部機械金属系中小製造業の勃興と創業者の基本的特徴について――エリート資本主義の萌芽か――」『同志社商学』第66巻6号、2015年3月〈本書第5章に再録〉。

図表6-1　面談企業の開業年と社長の属性

企業	面談年	面談者	開業年 (ベトナム北部)	社長の属性（前職を含む）
OV社	2013年	General Manager	2011年11月	General Managerは転職多し（プレス金型を志向しつつも、それまではインジェクション金型の業務が多かったため）。
TV社	2013年、 2015年	General Director Factory General Manager	2004年8月	
MV社	2013年	Factory Manager	2004年1月	
HV社	2014年	代表取締役、 取締役管理部長	2003年	
VNS社	2014年、 2016年	社長、 次期社長(当時)	2008年	
YMV社	2014年	Manager, Accounting and Finance Dept.	2008年 （第2工場）	
K社	2012年	General Director （ベトナム人）	2011年	General Directorは石川県小松市の中小企業で研修生の管理業務に携わってのち、FPT JAPANの営業職に4年間勤務。その間、ベトナム投資ミッションの通訳を務めた際に、日本側親会社の会長と知り合う。

(注)　記載内容はいずれも面談当時。
(出所)　各社へのヒアリング調査に基づき筆者作成。

　では先の④の「必要な基礎的技術の習得／進出日系企業や前の勤務先での技術習得」について、若干の事例を踏まえながら、さらに詳しく掘り下げてみよう。

　ここでは、まず、ベトナム北部で訪問・面談することのできた進出日系企業7社の概要をまとめ、紹介しておこう。このうちの4社は筆者が2013年6～7月に実施した「ベトナムにおける日系進出企業（機械金属関連製造業）の国際分業・生産体制に関する調査」[2]（本書巻末を参照）の回答企業であり、残る2社（OV社とK社）はそれ以前の時期に訪問した企業である。
　＊本章での太字はすべて私が訪問・面談した対象企業名を匿名化したものであ

---

2) 本アンケート調査結果の概況については、前田啓一「国際的時間制約下におけるベトナム経済の課題について」『大阪商業大学論集』第173号、2014年6月〈本書第1章〉の10～20ページを参照してほしい。

第6章　バイク関連分野でのベトナム中小メーカーの多様な育成と創業プロセス

図表 6-2　面談企業の事業概要

企業	日本本社の所在地	日本本社の主な業務内容	現地法人の主な業務内容（ベトナム北部）	現地法人従業者数（ベトナム北部）
OV 社	静岡県磐田市	自動車部品用の金型製造	バイク部品用の金型製造	13 名（社長含む）、うち現場が 7 名
TV 社	群馬県安中市	プラスチック成形用金型の設計・製造のほか、成形・組立など	プラスチック成形加工用金型の設計・開発・製作等	約 140 名
MV 社	名古屋市	精密金型メーカー	プラスチック部品の成型用金型の設計・製作、ダイキャスト成形型も	95 名
HV 社	広島市	金型の設計・製造、各種鋳造、機械加工などアルミ合金鋳物分野全般	鋳造金型と自動車エンジン関連のアルミ鋳造品	1,100 名（第 1 工場）
VNS 社	新潟県長岡市	売上額(連結)の 75％が計器類で、そのうちの 65％が自動車、29％は二輪用。残りは汎用部品類。	バイク用スピードメーターの生産	825 名
YMV 社	静岡県磐田市	二輪車事業、マリン事業など	第 1 工場はバイク部品製造、第 2 工場はバイク組立工場	第 1 工場 1,500 名、第 2 工場 4,400 名、その他に営業が約 500 名
K 社	滋賀県湖南市	自動車、バイク、リフト、建設機械等のシャフト系部品の高周波熱処理加工など。	高周波熱処理	4 名（General Director 含む）

(注)　記載内容はいずれも面談当時。
(出所)　各社へのヒアリング調査に基づき筆者作成。ただし、一部は企業のホームページを参照した。

る。ベトナムの企業名は一般的にアルファベットで略称されることが多く、これと区別する必要のある匿名の訪問・面談企業の場合には太字を施している。

　調査企業への訪問は、2012 年 8 月から 2015 年 2 月にかけて実施した（図表 6-1）。また、各企業のベトナムでの開業時期は 2003 年 1 社、2004 年・2008 年・2011 年がそれぞれ 2 社とマチマチである。

　そして、**図表 6-2** から事業の概要を整理しておくと、日本本社はバイクの部品製造（VNS 社）と組み立て（YMV 社）が各 1 社のほか、熱処理メーカー（K 社）1 社、そして残り 4 社がいずれも金型メーカーである（OV 社、TV 社、MV 社、HV 社）。ベトナム北部においてこれら企業の現地法人は、そのほとんどがバイク関連、自動車関連そしてプリンター関連の製造に携わっている。また、現地法人の従業員数は熱処理メーカー（K 社）が 4 名、金型メーカー（OV 社）が 13 名と少ないが、その他では 2 社の金型メーカー（TV 社と MV

社）が 100 名前後、精密金型・自動車エンジン関連アルミ鋳造品メーカー（HV 社）とバイク用スピードメーターの製造企業（VNS 社）がそれぞれ 1,000 名前後、さらにバイク組み立ての YMV 社では二つの工場の人員と営業部隊とで実に 6,400 名を擁している。

2 ベトナム中小製造業の創業と進出日系企業・日本人技術者との関わり

それでは、ベトナムでのこれら進出日系の訪問・面談企業ではローカルの地場中小企業とどのような取引関係を有しているのだろうか。ここでは、ベトナム中小製造業の創業や育成プロセスに進出日系企業や日本人技術者たちがいかなる役割を果たし貢献してきたかについての観点から事例を踏まえながら検討していきたい。

① **OV 社**

2011 年 11 月に開業した OV 社の General Manager である O 氏（日本人）は 1995 年から 20 年近くにわたりベトナムで金型製作に携わっている。日本のみならずベトナムにおいてもいくつかの企業で金型職人としての勤務経験をもち、職人人生のおよそ半分をベトナムでの金型づくりに従事する興味深い人物である。

O 氏は日本でヤマハ発動機㈱に約 20 年間勤めたのち、ベトナムに渡り 1995 年創業のビナシロキ（ハノイメカニカルカンパニーと日系金型メーカーのシロキとの合弁企業）に入社した。日本では 35 歳になる頃から管理的な仕事が次第に増えてきたので、金型の設計・製造を専門とする彼には性が合わないと考えるようになったからである。ビナシロキに数年間勤務したが退職し、2000 年 12 月にはホーチミンにあった日系の金型メーカーに入社した。とはいえ、2003 年 8 月に同社を辞したのち、豊田通商がハノイに設立した ITSV（International Technical Service Vietnam）に勤務する。ITSV ののちは、2005 年 5 月よりタンロン工業団地 I 内にある日系の TV 社（下記の事例 **TV 社**）に約 3 年間勤務した。そののち、2008 年 6 月からはノイバイ工業団地にある某日

第6章　バイク関連分野でのベトナム中小メーカーの多様な育成と創業プロセス

系企業に入社した。転職を繰り返しているようにも見えるが、O氏はそれまでがインジェクション金型の仕事ばかりで、自身がもっとも得意とするプレス金型技術を活かせる職場を探していたためであるという。とはいえ、そこでの仕事も2010年10月末で辞し、今日の**OV社**勤務に至る。

さて、**OV社**の日本本社は静岡県磐田市に所在する。親会社はセンターピラー、ルーフ、ロアアームなど自動車部品の金型メーカーである。ベトナム（ハノイ）に進出した理由について、O氏は以下の3点を指摘する。第一はベトナム北部にはヤマハやホンダなどバイク関連分野でのビジネス・チャンスがあるかもしれないと考えたこと、第二にO氏がベトナム北部の事情に詳しいこと、第三には日本本社で働いていた優秀なベトナム人研修生の故郷がハノイ郊外であったことによる。

OV社は基本的にバイク部品向けの金型製作を中心とする。当社ではダブルカムを用いて特殊加工を手がけ、また順送トランスファーを導入してはいるが、日系金型メーカーなどとの競争もある。現在の従業員数は社長のO氏を含めて13名、うち現場が7名である。また、ベトナム地場中小企業の外注先は3〜4社を確保している。これに関しては、当社のキャパシティやサイズ的な要因に基づくもので、粗加工を外注するのでなくて図面を渡して完成品の製作までを求める。

浸炭窒化ならびに焼き戻し加工のベトナム・ローカルの熱処理企業であるFHL社[3]の副社長（実質的な経営者）はO氏とかつての職場（ビナシロキ）が同じであった（ビナシロキは日本本社の倒産により2007年頃に解散）。**OV社**は、自動車関係のシートメタル用金型も製作し、その熱処理加工をFHL社に外注している。すなわち、ベトナムの金型産業草創期での日系メーカーに勤務していた日本人技術者（O氏）の熱心な指導を受けたベトナム人が退社後に熱処理加工企業を設立し、現在では相互間での取引関係を有する事例である。

② **TV社**

TV社は、群馬県安中市に本社がある企業のベトナム工場であり、タンロ

3）2013年2月27日に訪問した。

ン工業団地Ⅰ内に立地している。日本の本社工場はプラスチック成形用金型の設計・製造、成形、塗装、印刷、組立を行うほか、周辺部品を集めて電子機器受託製造（EMS）にも従事している。ベトナム工場は営業を含めて金型の設計、開発、製作、トライののち納品を行う、プラスチック成形加工用を主体とする金型専業メーカーであり、2004年8月の創業開始である。

　TV社の主要顧客は大半がベトナム進出日系企業であり、売り上げに占めるその比率は95％に達している。顧客総数は20～30社という。金型の扱い製品は、バイク関連とプリンター関連の2部門で売上全体の8割を占め、残りは日用品や家電製品などである。顧客のほとんどがホンダやヤマハなどのようにベトナム北部に立地し、従業員は約140名である。

　金型製作の外注先としては4～5社あり、うち日系は1社（以下の事例③のMV社）のみである。したがって、ベトナム・ローカルの外注先が3～4社存在する。これら外注先については日常的な取引ではなくて、キャパの点で必要になる時に利用する。また、ローカル企業の外注先は知り合いからの口コミによって探している。

　日越共同イニシアティブのフェーズ4のもと、2012年には裾野産業の育成を目的に金型調査が実施された。それによると、ベトナムでは現在のところ、ベトナム地場系のローカル金型メーカーが27社存在するという[4]。2014年12月には同イニシアティブのフェーズ5が終了し、現在は同フェーズ6で課題抽出中である。フェーズ6においてはそのうちの一つのワーキンググループを裾野産業育成とし、金型に特化した活動を進めるとしている。

　さらに、2013年5月に日越金型クラブが発足した[5]。今のところは、情報交換・共有化と勉強会を目的とするボランティア的な性格のものに留まるが、参加企業数は発足時の8社から現在では30～40社に増えている（金型企業だ

4）ただし、この27社はあくまで金型関連としての企業数であり、正確な数字ではないかもしれない（同社インタビューより）。
5）同クラブの発足については、前田啓一「ベトナム中小企業政策の現況と北部での基盤的技術分野の勃興について」大阪商業大学比較地域研究所『地域と社会』第17号、2014年10月〈本書第1章〉も参照されたい。あわせて、前田啓一・池部　亮編著『ベトナムの工業化と日本企業』同友館、2016年6月も参考にしてほしい。

けでなく、金型部品メーカー、成型加工メーカー、くわえて JETRO、JICA、日本大使館などの個人会員も含む）[6]。日越金型クラブのなかには、HTMP、BACVIET、VPMS などのベトナム企業も加入している。タイ、フィリピン、インドネシアでは金型工業会がすでにできており、ベトナムでもこの発足により、ようやく金型メーカー相互間での横の連携ができるようになった。さらに、2015 年 3 月 18 日には同クラブの主催で、JETRO ハノイ事務所の共催をえて、ハノイで「金型関連技術発表交流会」が開催された[7]。ベトナムで日越金型関連業界からなるこのような取り組みの意義はきわめて大きい。

当社社長（当時）は個人的見解としながらも、ベトナムにおいて金型産業は JICA 支援などにより、確実に育ちつつあるものの、まだまだ「弱い」という。金型企業の少なさ[8]、シニアボランティアの指導もまだ 5S 程度に留まり本格的なものづくりには至っていない。また、ベトナムでは良質の鋼材が今のところは調達できないし、しかも金型部分品の輸入に関税がかかることから（金型完成品の場合は無関税）、現地に進出している日系の金型メーカーでは中国製金型よりも 2～3 割は価格が高くなる。したがって、コスト競争の点で不利になる。当社では年間に新型で 150～250 程度を製作しているものの、ベトナム国内での金型需要は"何百倍もある"。金型の仕事があっても、ベトナムでは日系企業といえども一社一社がばらばらなので、まとまって大きな受注を獲得できないと言える。

従業員が退職し独立開業したケースはわからないが[9]、金型関係企業に転職した例はたくさん見られる。以前は日本本社にベトナム人従業員を派遣し研修を行っていたが、当初 10 名を日本に派遣したものの 2 名しか残ってい

---

6) その後、2015 年での面談調査時では会員数は 72 にまで増えている。
7) その目的は、ベトナムでの金型製造に関連する情報共有、問題とその解決を話し合うための場とすることである。この交流会では、3 本の金型関連技術発表ののち、金型ユーザー、金型部品メーカー、日系金型メーカー、ベトナム金型メーカーそして金型用設備商社の各代表者からなるパネルディスカッションが行われた。
8) 日系の金型専業メーカー数は当社を含めても 10 数社である。ただ、ブラザーや京セラなどでは金型を内製している（同上）。
9) 2014 年に退職者の一人が友人と小さな機械加工業を立ちあげた（同上）。

ないこともあり、現在は止めている。

　また、当社はハノイ工業大学が行っているインターンシップ制度に積極的に参加している[10]。同大学の職業訓練部門の卒業予定者のうち、毎年5～6月頃に20～30名を受け入れ、清掃・整理・整頓などの5S活動に積極的に参加してもらう。むろん、座学も含まれる。当社は採用を前提にインターンシップを行っており、2013年には8名を採用した。ハノイ工業大学では2014年に金型科を3年履修コースで設置した。当工場では、現在、金型の設計責任者はこのインターンシップを通じて採用したベトナム人である。さらに、2013年からはこのインターンシップ制度を、ドン・アイン職業学校やハノイ工科大学にも拡げているし、ハノイ交通大学とも人数を絞りながら設計部門で行いたいという。

　なお、同工場のベトナム人従業員の多くは日本と同じようなレベルに育ってきてはいるが、命じられた作業に没頭するあまり前後の工程や時間をあまり気にしないで、全体最適を考えることには弱いところがある。また、現場の作業者を指導する立場の中間管理者層が育っていないとの指摘もあった。TV社では、現在、マイスター制度導入を目指しそのためのワンステップとして多能工化を進めたいとしている。

③ MV社

　2002年にライセンスを取得し、2004年1月より操業を開始した。ビンフッ

---

10) TV社社長（当時）が2009年10月に当工場に赴任した時にはこの同制度が始まっていた。したがって、当工場がインターシップ生を受け入れるようになってからすでに7～8年が経過している（同上）。

　このインターシップ制度については、森　純一「ベトナムにおける産学連携の現状と課題――ハノイ工業大学技能者育成支援プロジェクトの経験から――」（一般財団法人アジア太平洋研究所『日本型ものづくりのアジア展開――ベトナムを事例とする戦略と提言――』中小企業の東南アジア進出に関する実践的研究2012年度報告書、アジア太平洋研究所資料13-02、2013年3月に所収）ならびに同「ベトナムにおける工業人材育成の現状――日系中小企業と教育訓練機関の連携の可能性――」（大野　泉編著『町工場からアジアのグローバル企業へ――中小企業の海外進出戦略と支援策――』中央経済社、2015年5月に所収）に詳しく紹介されている。

ク省のカイクアン工業団地（Khai Quan I.Z）に立地し、日本本社は名古屋市の精密金型メーカー、現在の従業員数は95名である。

　ベトナムでの開業にあたっては、ハノイ工科大学卒業生を4名採用し、本社で1年間の日本語と技術の研修を受けさせた。同時にハノイ工業大学からも6名採用し、やはり九州（熊本と宮崎）で研修を行った。また、高卒以下の人たちも数名採用した。この時に採用した大卒10名で現在まで勤続しているのは、工科大学卒が3名そして工業大学卒が2名である。退職者のうち、一人は商社のようなことをやっているが、金型に関係している者はいない。

　ベトナム工場は親会社にとっての最初の海外工場である。2001年頃から海外進出を考え始め、会長が親会社の大口顧客であるS電気の社長に相談をもちかけたところ、S電気が1998年という早い段階からハノイで事業展開を行っていたこともあり、ベトナム北部への進出を薦められたので決めたという。

　ベトナム工場での受注先の大半は日系企業である。販売額の最も大きな企業はS電気 VIETNAMであるが、同社が金型の内製化を進めていることもあって受注存度はかつての6～7割から今では4割弱に留まる。第二位はバイクの組立メーカーで3割弱、そして第三位の電装部品メーカーのTD VIETNAMは2～3割ぐらいである。そのあとには、別のバイク組立メーカーなどがあり、このバイク組立メーカー向けにはアルミホイール用のダイキャスト金型を製造している。なお、他の日系進出企業には、金型に加え成型品も納入している。

　外注先のほとんどはベトナムのローカル地場企業である。例えば、金型専業メーカーには当社を退職したベトナム人従業員が数名勤めていることから仕上げ指導などで不定期に技術指導を行っている。また、熱処理に関しては、ベトナム企業や台湾系メーカーを外注先としている。

　工場長は、ベトナム人従業員が、①機械加工で金属を削るという作業じたいに興味をもっている、②手先が器用、③自分が加工した金型によって良い最終製品をつくることができたという"プライドの高さ"があり、彼らが金型製作に向いていると評価する。基本的な作業であれば、3か月から半年程

度でこなすようになる。ただ、彼らのなかには楽な方法を選ぼうとする傾向が見られることにより、作業時間の長短ではなくて、例えば最終仕上げならこちらのほうが金型表面をより美しく磨き上げることができる、ということを理解させることが重要である。また、ある程度の技能を習得した従業員がそれについて部下にうまく説明し、納得を得られるかが今後の課題であるという。とはいえ、工場長は仕上げ工程についての"こだわり"がベトナムに今後根付きそうだと考えている。そして、なにより、その数がまだまだ少ないとはいえ、最終仕上げまでこなすことのできるローカル地場金型メーカーが生まれつつあることが指摘された。このヒアリング調査では、同社の外注育成策としてではないが、例えばITSVに勤務していたベトナム人従業員1～2名を中心に、ベトナム人創業者4名によるHTMPという金型メーカーが立ち上げられた例が紹介された。このことの含意は、ベトナムにおいておそらくは今のところ、地場系メーカーを生み出すためには日系など進出中核企業によるフォーマルな外注管理育成政策によるよりも、ある進出外資系企業、例えば日系企業、での一定の技術レベルの習得に達した従業員が彼の信頼できる友人や仲間などと一緒に独立開業する場合のほうが有効であることを示唆している[11]。

　当社の主要な課題は、①金型製造に関わるコストダウンをベトナム人従業員にどのように意識させるのか、②機械加工のためのCAMのプログラムにもう少し精密さが求められることである（CAMのプログラマーは全員がベトナム人）。ベトナム工場では、設計から3Dモデリング、CAM、NC加工、仕上げ、磨きという金型製作の一通りが可能であり、これに至るまでにほぼ10年間を要した。なお、磨き工程では女性従業員が8割ぐらいを占めている。

---

[11] ベトナム北部での機械金属系ローカル地場企業の独立開業に関しては、フォーマルな制度的仕組みよりも、大学時代の先輩・後輩関係や友人、職場での信頼できる仲間など、インフォーマルな繋がりのほうがより一層重要である。そのことについては、前掲拙稿「ベトナム北部機械金属系中小製造業の勃興と創業者の基本的特徴について」を参照してほしい（本書第5章参照）。

④ HV 社

HV 社は、広島にあるアルミニュウム関連企業のベトナム生産法人である。大正10年4月創業の日本の親会社は、昭和28年1月に株式会社化され、今日では金型の設計・製作、ダイキャスト・砂型・金型・低圧等の各種鋳造から機械加工へと、アルミ合金鋳物分野での大企業である。訪問時点での工場数は、広島県・島根県に8、中国の南通市に1、ベトナムに3 [12]、そしてタイに1工場である。ベトナムには2003年に進出した。

タンロン工業団地Ⅰ内にあるベトナム第1工場 [13] は、2013年6月時点で従業員総数が1,100名、うち10人が日本人社員である。主要生産品目は鋳造金型と自動車エンジン関連のアルミ鋳造品である。ベトナム工場からの販売先は多岐に及ぶ。日本はもちろん、メキシコ、韓国、中国、タイなどの海外はじめ、ベトナム国内ではいくつかの日系や韓国系部品メーカーなどがある。販売〈輸出〉先は（金額ベース）、日本30％、タイ15～20％、メキシコ5～6％、中国10％以内、残りがベトナム国内である。同社では、ユーザーでのデザイン・インで金型製作に着手しているものの、現在は量産金型の製造がメインである。ベトナム人従業員については年間で約40名を短期間でスキルアップのために日本へ研修派遣しているほか、およそ100名を技能実習生としてこれまでに日本の工場に送り出している。昨年度からはタイ工場に指導者としてベトナム人を派遣しているし、同じく日本の工場にもベトナム人従業員の派遣を考えている。ベトナム人の物事を簡単にはあきらめずやり遂げるという気風は金型製作に適しているという評価である。外注先としては金型部品のうち、およそ200点をベトナムの地場5～6社の金型企業に発注している。また、熱処理工程の一部も外注に出している。

主要販売品目は、MAZDA、HONDA、DENSO などをはじめ、韓国の現代自動車向けの変速機等自動車エンジン関連の基幹部品やミッション関係のバルブなどである。なかでも、現代自動車（韓国）には同社が必要とする部品

---

12) 面談当時、バクニン省で第3工場が建設中であり、2014年5月完成予定、同8月より量産開始とのことであった。
13) 日本の親会社が65％、残りを某総合商社が出資している。

のおよそ半分くらいを販売している。

⑤ VNS 社

　VNS 社は、ノイバイ工業団地内で 2008 年に稼働し、バイク用のスピードメーターを生産している[14]。親会社は新潟県長岡市にある。日本の親会社グループは世界 11 か国に現地法人 26 社を擁するグローバル企業であり、アジアではタイ 3、インドネシア 1、ベトナム 2、インド 2、台湾 1、そして中国に 8 法人がある。売上額（連結ベース）の 75% が計器類であり、そのなかの 65% は自動車向け、29% が二輪用、そして残りは汎用部品類である。最大の顧客はホンダであり、30% を占めている。

　VNS 社の主要顧客は販売額でみて（2012 年）、ホンダベトナム 68.0%、ヤマハベトナム 21.0% など、バイクの主要組立メーカーが 9 割以上を占め、残りが進出日系部品サプライヤーである[15]。ホンダベトナムのバイクに組み付けられるスピードメーターの 99% 以上が当社製である（当社推定）。従業員数は 825 名で、日本人駐在員は 3 名である。ベトナム人従業員のうち大卒者は約 30 名で、最も高い職位にある人物は副工場長（資材管理と生産管理の担当部長職も兼務）であり、各セクションのトップはいずれもベトナム人である。

　当社は OEM メーカーであり、ホンダやヤマハとの共同開発のなかで、デザイン・インを行っている。客先のコンセプトに基づき、当社が構造設計を行い、その設計図の承認を受け、生産に入ることとなる。完成車バイク組立メーカーからはデザイナーの作成した 1 枚の「絵」が渡されるが、それは具体的な機種モデルの設計ではない。当社のデザイナーは受領した「絵」に基づいて、それに見栄えやコストダウン等を加味した具体的な提案を行う。メーターのなかの駆動部品（ムーブメント）は基本的には当社オリジナルですべて共通であるものの、デザインは各取引先・機種ごとに異なるから当社で専用金型を起こす必要がある[16]。

---

14) ここでの論述は 2014 年の面談調査記録に基づく。
15) 面談時での企業概要説明用パワーポイント資料から。
16) バイクの主要部品のうち、ヘッドライト、メーター、座席シート、テールランプから構

VNS社の設計・開発は基本的に日本とタイの現地法人で行われる。ベトナム法人のVNS社に求められるのは品質の良いものを生産性良く、低コストで、納期通りに必要なものを必要なだけ生産することである。

　VNS社の外注先は約30社と多い。そのおよそ半数はベトナム資本の企業であるが、残りは日系と台湾系の企業である。ただ、ここで注意が必要なことは日系のベンダー事情がタイやインドネシアと大きく異なることである。すなわち、タイやインドネシアでは当社の主要顧客であるホンダのコスト上の競争相手はヤマハであるが、ベトナムにおいては、ヤマハだけではなく、中国や台湾メーカーとも競争しなければならない。したがって、ベトナムとタイ・インドネシアとではコスト競争のレベルが大きく異なり、ベトナムで日本からの輸入品ならびに進出日系企業製の部品を使えばコストパフォーマンスが悪くなる。結局、品質・コスト・納期等を総合的に勘案しつつ、優秀なベトナム地場企業を探す必要性が強調される。しかしながら、高精度が要求されかつ高い品質レベルが必要になる燃料計本体に使用する内蔵部品などの機能部品に関しては日系企業から調達しなければならない。また、車載部品に関しては12年間の部品供給義務があるから顧客との摺合せ的要素が強くなる。したがって、一部外観部品等の非機能部品（機能に直接的に関係しない部品）については、品質やマネジメントなどでの指導を行ったうえで、できるだけベトナム資本企業から調達を進めたい考えである。なお、VNS社としての調達先比率をみると、稼働当時（2008年）では輸入60％、国内調達30％、内製10％であったのが、直近（2013年）ではそれぞれ47％、27％、26％となっている。

　このようなケースは、なにもVNS社に限らず、ベトナムに進出した製造業では一般的に当てはまる事柄であろう。例えば、モーターバイク用のフロントフォーク及びリアクションユニットでショックアブソーバーの専業メーカーでは、外注先はおよそ40社であり、台湾系が5割、日系3割そしてベトナム系企業が2割である。台湾系はベトナム系企業に比べるとコストが高

　　成されるAラインと呼ばれるパーツ群は、デザインが最も重要視されるところである。

く、台湾系からベトナム系中小企業に外注先を切り替えることが購買部門の現在の課題である。同社では、金属加工、金属プレス、治工具、金型などでのベトナム資本中小企業が必要とのことである。

⑥ **YMV 社**

YMV 社は日本の親会社（46%）、ベトナム政府系企業（VinaFor）とマレーシア企業（Hong Leong）の3社が出資し設立した企業である。ベトナムに当社の組み立て工場は2か所ある。訪問したのはノイバイ工業団地内の第2工場（ノイバイ工場）であり、2008年の創業である。第1工場（ソクソン工場）は鋳造、機械加工、樹脂塗装、溶接、補修部品製造に従事しているが、第2工場ではバイクの組み立てと塗装、溶接を行っている。第1工場がバイク部品製造、第2工場が組み立て工場という関係にある。従業員数は第1工場1,500名、第2工場4,400名、その他に営業部隊が約500名いる。ベトナムにおけるグループ各社の全体では従業員総数6,400名にも達するなかで、日本人従業員は33名である。

ベトナム国内向けに現在7モデルを生産しており、代表的なものは価格がおよそ2,000万ドン（およそ10万円）のバイクである。タイには2モデルを輸出している。タイへの輸出に関しては、ベトナム製との価格帯による棲み分けではなくて、金型の共通化を進めることによりコストダウンを図ることと両国間での生産ロット調整のためである。

部品調達（2012年）におけるローカルのパーツメーカーからの購入比率は77.7%である。輸入は残りの2割強である。取引しているサプライヤーは84社であり、その内訳は北部で日本企業39社、台湾企業15社、ベトナム企業6社、その他4社である。他方、南部では日系5社、台湾系12社、ベトナム系が3社である。北部のベトナム6社は機械加工が中心でエンジン部品製造も含まれる。金型については、以前は台湾製を使っていたが現在では内製している。また、バイクのフレームについては進出日系企業などからの調達が7割で、残り3割がタイからの輸入である。

⑦ K社

　K社は、日本の親会社グループのベトナムにおける高周波熱処理専門子会社である。親会社は高周波誘導加熱装置の製造・販売企業で大阪府大東市に1975年に開設された。同社はそののち、滋賀県湖南市と三重県津市に工場を建設し、高周波熱処理の受託加工を開始する。さらに、1993年タイ、2006年インドネシア、そして2011年にはベトナムと矢継ぎ早に高周波熱処理工場を開設している。

　K社のベトナム人社長はまもなく31歳（当時）になろうかという日本語の堪能な青年である。同氏はハノイの大学で日本語を学んだのち、ベトナム通信関連会社の日本法人であるFPT　JAPANに営業職としておよそ4年間勤務した。2000年にFPT JAPANを退職し、以降K社のGeneral Directorを務めている。K社は社長のほか、従業員数が4名という規模のきわめて小さな企業である[17]。社長は、FPT JAPAN勤務の以前に、石川県小松市にある中小製造企業で研修生の管理業務を担当していた経験があり、そのためにモノづくりにはもともと強い興味を有していた。その彼が7年前に親会社の代表取締役会長と知り合ったのである。同会長が参加していたベトナム投資ミッションの通訳として彼が従事したことがきっかけである。2011年1月での投資ライセンスの取得以来、彼は社長として開設準備に着手し、同年9月より本格的な稼動を開始した。

　親会社では、自動車、バイク、リフト、建設機械、農業機械等の基本的にはシャフト系部品の高周波熱処理加工を行っている。日本の本社工場がある滋賀県湖南市では、高周波熱処理加工を行えるところは当社のみであり、ダイハツを主な受注先とする。ただ、K社ではヒアリング当時、ヤマハのサプライヤーからバイク部品であるカムシャフトの熱処理加工を受注するに留まり、自動車関連の仕事はない。ヒアリングの翌月（2012年9月）には、量産に入ると予想され、月産5万4千個の受注量が確保できる。また、2012年

17）2014年7月発行のジェトロ・ハノイ事務所『ベトナム北中部日系製造業・関連商社サプライヤーダイレクトリー』では従業員数が12名と記載されている。

年末にはドライバーシャフトなど自動車部品に高周波熱処理を施した上で月産1万5千個というボリュームでタイに輸出が行われる予定である。ベトナム法人社長によると、ベトナムで高周波熱処理加工を専門とするのは当社しかなく、"仕事は一気に増える見込み"である。K社では高品質での高周波熱処理加工が可能であることにより、量産ものはもとより、当地に進出している日系の金属加工メーカーなどからも金型部品を中心に数十本という単位での単品熱処理加工を受注している。

　ただ、K社は現在のところあくまでも高周波熱処理加工の専業メーカーである。当社には浸炭窒化や真空焼入れの設備がなくその熱処理加工ができない。とはいえ、日系金属加工メーカーなどとの取引においては、K社が高周波熱処理のほか浸炭や真空焼入れについても一括受注する。そのうえで、K社は浸炭や真空焼入加工については近隣の熱処理企業に外注し、それら熱処理加工の最終的な品質保証を同社が行ったうえで出荷する体制をとっている。日系金属加工メーカーの側では、ベトナムで浸炭焼入れや真空焼入れ加工のできる他メーカーの存在を知りながらも、各種取引コストの点からK社に一括発注していると考えられる。

　このように、ベトナム北部において熱処理加工メーカー相互間での取引ネットワークの形成を確認することができる。注目されるのは、ここでの取引企業が日系企業のみならず、地場のベトナム企業そして台湾系企業であることだ。ベトナム企業とはホアラックハイテクパークに本社をおく上述のFHL社である。FHL社は、ドイツの機械設備と技術を導入し真空焼入れ加工が可能であるし、金型も製作している[18]。大学教員が副社長を務めており、ハノイで開催されたセミナーでK社のハイ社長と偶然に知り合ったことから、このとき以降熱処理加工分野での取引が始められるようになった。つまり、K社で行うことのできない真空焼入れ加工についてはFHL社が担当している。この事例からも、少なくとも熱処理加工の分野においては、ベトナ

---

18) Jetro Hanoi Representative Office『ベトナム優良企業（北・中部ベトナム編）（金型、プラスチック加工、金属加工、精密部品、機械、電子電気部品、メッキ、他）』（第2版）、October 2010、77〜78ページ参照。

第6章　バイク関連分野でのベトナム中小メーカーの多様な育成と創業プロセス

ム北部で柔軟な取引ネットワークの形成が見られることが明らかとなった。

3　ベトナム中小製造業の多様な育成と創業プロセス
　　——日本との関わりのなかから——

　以上7社の企業事例は、バイク組立メーカーの1社を除いて、残り6社の全てがバイク関連部品の生産や加工を中心とした機械金属関連の日系中小製造業である。これらのベトナム進出日系企業やそこで働く日本人技術者にあっては、なんらかのかたちにおいてベトナム中小製造業の創業を手助けし、あるいは企業成長を結果としてもたらすような役割を果たしていることが示された（**図表6-3**を参照のこと）。

　すなわち、事例① **OV**社からは、かつて職場の同僚であった日本人から熱心な技術指導を受け、それがきっかけとなりベトナム人が熱処理メーカーを新規開業した事例を説明した。さらに、この日本人が現在社長を務める金型企業（**OV**社）の熱処理加工を任される外注取引関係が存在する。事例② **TV**社は、ベトナムでの日系、ベトナム系のいずれを問わないかたちでの金型分野での同業者組合組織の発足である。これによって、金型関連企業相互間での連携が可能となり、ベトナムにおける同産業発展の礎が形成される。また、インターシップ制度を積極的に活用することにより、5S活動に対するベトナム人学生の参加を積極的に促している。このインターンシップを通じて優秀な学生の採用にも繋げている。産学連携によるカイゼン活動についての教育機会の提供と人材確保の事例である。事例③ **MV**社では、ベトナム工場立ち上げ時でのベトナム人従業員への日本研修の機会提供と不定期的とはいえ外注企業（上記①で言及されたローカルの熱処理メーカー）への技術指導の実施である。優秀かつ幹部候補のベトナム人従業員を日本に研修派遣することは今日の日本企業では今や珍しい事例ではないが、このケースでは創業時に行われていた。さらに、日系企業に勤務していたベトナム人グループが共同で金型企業を開業した事例も見られた。事例④ **HV**社にあっては、ここでも従業員の日本への派遣研修が見られるし、優秀なベトナム人技術者を指導者としてタイ工場に派遣している。さらには、近いうちに彼らを日本の工場に

図表6-3　面談企業の主要顧客、外注先、ベトナム中小企業の育成

企業	主要な顧客	外注先の有無	ベトナム中小企業の育成
OV社		3～4社	General Manager（面談者）がかつて勤務していた日系金型メーカーでベトナム人技術者を熱心に指導。そのベトナム人技術者が熱処理企業を独立開業したので、自動車向けシートメタル用金型の熱処理を外注。
TV社	ベトナム進出日系企業（20～30社）が大半で、バイク関連とプリンター関連で売上の8割。	ベトナム企業3～4社と日系1社	2013年5月発足の日越金型クラブ設立に尽力。ハノイ工業大学が行うインターンシップ制度に積極的に参加し、採用に結び付けている。同制度を13年よりハノイ工科大学等にも拡大。
MV社	受注先の大半が日系企業	ほとんどがベトナム企業	創業時に大卒を10名採用（ハノイ工科大学4名、ハノイ工業大学6名）した。現在、残っているのはそれぞれ3名と2名。退職したベトナム人元従業員が現在勤めるベトナム金型メーカーに随時訪問指導。最終仕上げまでこなすことのできるベトナム金型メーカーの存在が指摘された。
HV社	日系・韓国系自動車メーカーや同部品メーカーに、変速機等自動車エンジン関連の基幹部品やミッション関係のバルブを供給	200点の金型部品をローカルの5～6社に外注。また、熱処理の一部工程も。	年間40名のベトナム人従業員を日本へ研修派遣。また、およそ100名を技能実習生として日本に送り出している。2013年にはタイ工場にベトナム人を技術指導者として派遣、さらに日本についても検討中。
VNS社	販売額でみて、ホンダベトナムやヤマハベトナムなどのバイク組立メーカーが9割以上。ホンダ・バイクに組み付けられる99%以上が当社製。	約30社。半数はベトナム系であるものの、残りは日系と台湾系。	品質・コスト・納期等を勘案しつつ優秀なベトナム企業を探す必要性を強調。とはいえ、燃料計の内蔵部品等の機能部品については日系企業から調達しなければならない。また、車載部品に関しては12年間の部品供給義務があるので、組立メーカーとの摺合せ的要素が強い。したがって、ベトナム企業からの調達可能性は一部外観部品等の非機能部品に限られる。
YMV社	ベトナム国内向けに7モデルを生産し、タイには2モデルを輸出。		現調率は77.7%。サプライヤーの数は84社で、日系44社、台湾系27社、ベトナム系9社、その他4社。北部のベトナム6社は機械加工が中心。金型については、以前は台湾製を使用していたものの、現在では内製。また、バイク・フレームは進出日系からの調達が7割で、残り3割がタイからの輸入。
K社	ヤマハのサプライヤーからバイク部品のカムシャフトの熱処理を受注。2012年年末にはドライバーシャフトなど自動車部品に高周波熱処理を施し、タイに輸出予定。	浸炭熱処理や真空焼き入れについては、ベトナム企業や台湾系企業に外注。	高周波はもとより、浸炭熱処理や真空焼き入れ加工も当社が一括受注。浸炭や真空焼き入れ加工については近隣の熱処理企業に外注し、それら熱処理加工の最終的な品質保証を当社が行う（ベトナム北部での熱処理企業間での相互取引）。真空焼き入れの外注先経営者とはハノイで開かれたセミナーで知り合う。

（注）記載内容はいずれも面談当時。
（出所）各社へのヒアリング調査に基づき筆者作成。

も送り込みたいという。ASEAN諸国間でのサプライチェーン網の形成にともなってベトナム・タイ間での、そして日本でのものづくり技術の希薄化を補う存在としてベトナム人技術者への注目が高まっている。事例⑤ **VNS社**にあっては、外注先の約半数がベトナム中小企業であり、彼らから非機能部品の現地調達を進めたいとする。非機能部品とはいえ、その調達に際しては品質やマネジメントなどの指導が不可欠である。日系企業のこのような日々の調達活動により、ベトナム中小企業のQCDが向上していく。事例⑥の**YMV社**は完成車バイクの組み立てメーカーであり、ベトナム北部において同社は機械加工を中心に6社のベトナム系サプライヤーと取引している。安全面がなにより重視される二輪車でも優秀なベトナム企業からの調達が増えつつある。さらに、事例⑦ **K社**では当社が中心になり、熱処理加工分野の内容の別に、ベトナム中小企業そして進出台湾企業との間で取引ネットワークが存在していることを明らかにした。

このように、日本からの技術者の来越指導はもとより、ベトナム工場から日本の親工場への従業員の派遣研修にくわえて、インターンシップ制度などの産学連携を通じた優秀なベトナム人従業員の育成・確保が見られている。もちろん、進出日系企業のベトナム中小企業への外注やこれらベトナム系サプライヤーからの現地調達も増えつつある。また、同業組合の結成を通じて金型分野でのベトナム企業育成の機運が高まっている。さらに、熱処理加工では仲間企業間でのネットワークが存在していた。

日系企業のベトナムでの積極的な事業展開と熟練した日本人技術者の存在は、ベトナムでのローカル中小製造業の創業とその成長プロセスに大きな刺激を与え続けている。

4 おわりに

きわめて限られた数の事例からの考察ではあったものの、本章においてベトナム北部でのバイク関連の機械金属関連日系製造企業にあっては、外注取引関係の発展や、同業者組合の発足、ベトナム人従業員への日本研修の機会

提供、優秀なベトナム人技術者のタイ工場への派遣、仲間取引の存在等々、多様な道筋を通じてベトナム中小製造業の育成に豊富な機会が与えられ続けていることが確認できた。繰り返しの指摘ではあるが、日系企業のベトナムでの積極的な事業展開と熟練した技術を有する日本人技術者の存在が、ベトナムでのローカル中小製造業の創業とその成長プロセスに大きな刺激を与え続けていることは無視できない事実である。そしてけっして派手さはないものの、着実な継続的努力こそが、結果としてベトナムへの技術移転をもたらし、同国工業化への道程を確実なものにしているように私には思える。

このような日系企業の存在とそこにおいてベトナム人社員を誠実に指導し続けている日本人技術者たち、さらに留学などで国際経験を身に着けたエリート大学卒業生たちとの出会いが、ベトナム北部地域において、彼ら・彼女らが続々と創業に踏み切る契機ともなっている。

ASEAN経済圏の一隅に出現した、このような一部のビジネス・エリート主導とも言える工業化への道筋は今後着実なものとなるのか、日本製造業の行く末とも絡む重要な課題をわれわれに提供している。さらに、このようなかたちでの工業発展のプロセスは、われわれが今日まで目にした、タイ、中国などでの歴史的な工業化経験とも様相を大きく異にするものである。

補章
【国際シンポジウム】
ASEAN統合とベトナムの工業化

- ●主　　催　　大阪商業大学比較地域研究所
- ●使用言語　　英語、日本語
- ●日　　程　　2014年10月24日午後2時～午後5時40分
- ●会　　場　　大阪商業大学梅田サテライトオフィス
- ●後　　援　　日本政策金融公庫

第一部 基調講演　　＊肩書きはいずれも当時
① 「ベトナム工業化の新段階と日本」
早稲田大学社会科学総合学術院教授　　トラン・ヴァン・トウ (Tran Van Tho)

② 「AECを超えて──ベトナム発展の展望」
ベトナム経済管理中央研究所CIEM副所長　　ヴォ・チ・タイン (Vo Tri Thanh)

③ 「ベトナムと中国の生産ネットワークの変化
　　──華越経済圏の展望──」
日本貿易振興機構海外調査部アジア大洋州課長　　池部　亮

第二部　パネルディスカッション　　＊肩書きは当時
パネリスト　基調講演者
モデレーター
大阪商業大学教授・経済学部長・比較地域研究所所長　　前田啓一

　　通訳：プール学院大学短期大学部准教授　　平井拓己

第一部　基調講演

はじめに

前田：皆さん、こんにちは。大変気持ちのいい日に、梅田グランフロント大阪にあります本学サテライトオフィスにお集まりくださいまして、ありがとうございます。私は大阪商業大学比較地域研究所で所長をしております前田啓一と申します。よろしくお願いいたします。

　本日のテーマであるベトナムなんですが、チャイナ・プラスワンやタイ・プラスワンということで、注目を浴びています。とはいえ、たくさんの問題があるということで、後ほど大変詳しい、それぞれの先生方からお話を頂戴いたします。克服すべき多くの課題を限られた時間の中で何とかこなさなければならないという、厳しい状況に置かれているのが、今日のベトナムではないかと、そんなふうに私は思っております。

　今日は、日本政策金融公庫のご後援をいただきました。これまでさまざまなテーマで講演会を行ってきました。1997年、旧来の産業経営研究所を組織がえし、関西とアジアの切り口から研究を進めるということで、今の比較地域研究所といたしました。初代所長瀧澤秀樹先生は主に朝鮮半島の調査・研究にたずさわってこられました。それから、次の二代目所長上原一慶先生は現代中国の研究者でございました。私は三代目所長にあたりますので、じゃあ、東南アジアに目を向けようということで、今日はベトナム経済をとりあげています。

　私どもの大学のある東大阪には町工場が多いんですが、このところベトナムに注目して、事業展開を積極的に進めている企業がいくつか出てきております。そういう意味からも、ベトナムというのは、地域にとっても要請される課題と考えております。

　では、ただ今からシンポジウムに入ります。まず、お三方のお名前と所属のみを簡単に紹介させていただきます。詳しい経歴は、資料を配布しておりますので、そちらをご参照になってください。皆さま方からご覧になって、私のすぐ隣にいらっしゃるのが、早稲田大学のトラン・ヴァン・トゥ先生で

す。そのお隣が、池部　亮先生、ジェトロの海外調査部アジア大洋州課長でいらっしゃいます。それから、ヴォ・チ・タイン先生、ベトナムのCIEM、経済管理中央研究所の副所長でいらっしゃいます。それから、今日の通訳をお願いしていますプール学院大学短期大学部の平井拓己准教授です。

　それでは、早速ではございますが、ただ今からトラン・ヴァン・トゥ先生によるご講演をはじめます。テーマは、「ベトナム工業化の新段階と日本」ということで、トラン先生、持ち時間は45分でお願いいたします。

「ベトナム工業化の新段階と日本」

Tran Van Tho（トラン・ヴァン・トゥ）　早稲田大学教授

はじめに

トラン：ただ今ご紹介いただきました早稲田大学のトラン・ヴァン・トゥです。今日は報告者は3人です。お一人は日本人で、もう一人はベトナムから来られた方、私はちょうど中間になります。私は日本在住ベトナム人です。よろしくお願いします。

　さて、今日、大阪で、ベトナムについてのシンポジウムが開催されること、ベトナム人として本当にうれしく思います。「ベトナム工業化の新段階と日本」というテーマで、私が日頃考えてきたことをご披露させていただきます。お話の内容は、ご覧のような4つの部分に分けられます。

ベトナム工業化の過程

　さて、ご承知のように、ベトナムはちょうどアジアの真ん中に位

置づけられています。そして、アジアでは、この 50 年間ぐらいの間で、日本から韓国、台湾、そしてマレーシア、タイ、中国と、続いてベトナムの工業化が発展していくプロセスが見られます。そこで、ベトナムへの波及のプロセスはどのように説明できるかというと、一つは物的インフラの整備、法的環境の整備で、内外の環境を整備する、一言で言えばそういうことです。その過程において日本のような先進国、あとは韓国、台湾から、資本や技術、経営資源の導入で、各国の工業化が促進されます。その結果として、日本とアジア諸国との分業関係の深化が進みます。昔は 1 次産品と工業品との垂直分業でしたが、だんだん水平分業、産業内分業のような産業構造高度化へと転換していく、そのような過程が、東アジアのダイナミズムとして示されるという内容です。

　最近の特徴の一つは、各種機械工業、例えば、自動車や家電製品、コンピューターなどが、東アジアの生産と貿易の主流を占めるようになりました。そして、東アジア地域のサプライチェーンと言われるものが形成されています。ベトナムは、ご承知のように、ベトナム戦争があって、社会主義体制になりました。社会主義体制は、東アジアのダイナミズムとちょっとなじみません。社会主義体制のままでは、東アジアのダイナミズムに織り込まれないため、ベトナムはずっと取り残されてきました。そののち、幸い 1986 年のドイモイと言われる刷新戦略があって、その戦略のもとで、経済改革と対外開放政策が実施されました。そこで 90 年代半ばから、ベトナムを東アジア工業化の一部に組み込んでいく、いわゆる雁行型発展の波に乗せるようになったのです。アジアでは日本、韓国、台湾、タイなどの自由主義諸国から、少しずつ発展段階の遅れたところに工業化が波及していきます。これはわれわれ研究者の間では、雁行型波及と呼ばれています。ベトナムは、当時は最後発国でありました。最近は、ミャンマーとかカンボジア、ラオスとありますが、ベトナムは、それらの国々と比べて少し早めに雁行型発展の一翼に入ることになりました。

　このような工業化の進展を見るためには、例えば GDP のなかでの工業品の割合を見ることで確認できます。日本の場合、1980 年代に脱工業化とい

補章 【国際シンポジウム】ASEAN 統合とベトナムの工業化

うのか、工業化の発展がかなり高いレベルに達し、そのあと、サービス業部門へシフトしたので、工業の割合がちょっと低下しました。けれども、日本以外の国々は、大体追い上げてきています。ベトナムは、やはり1990年代から、工業化率が上昇していることが示されています。そして、この工業化率は、輸出に占める工業品の割合でも見ることができます。ここにありますように、日本や韓国などは、工業品は、もう輸出の100パーセントや90パーセント以上を占めています。ASEAN諸国は少し低く、最近のインドネシアは逆に低下していく傾向にあります。これは中国のインパクトによるもので、インドネシアは1次産品をたくさん持っているので、輸出の工業化率がちょっと低下しています。ベトナムはご覧のように、着実に上昇しているのですね。これは、ベトナムが工業化を追い上げていることを示しています。

さきに申し上げましたように、今、東アジアの生産と貿易の主流は機械工業関係です。例えば、今の日本は輸出の6割以上は機械産業です。韓国、中国なども45パーセント以上です。ベトナムはその中で一番遅れており、まだ3割にも達していません。けれども、変化としては、例えば2000年から2012年までの期間で、10パーセントから30パーセントのところまできました。機械関係は東アジアの分業のなかで、非常に重要な分野であります。

次に、もう少し詳しく輸出構造をみますと、ベトナムは軽工業が44パーセントぐらいです。要するに、ベトナムの輸出商品の中で、工業品は既に65パーセントを占めていますけれども、大部分は軽工業です。例えば、繊維アパレル、履物とか、家具などの木製品が多く占めています。機械の比率は上昇していますが、まだ低いです。

以上が、東アジアの工業化の中でのベトナムの位置づけです。

東アジア新潮流とベトナムの現段階の課題

次に、現段階のベトナムはどのような課題に直面しているかを申し上げます。ここでは2つ挙げます。1つは、自由貿易の潮流であり、具体的にはアジアでの自由貿易協定（AFTA）にどうしても触れなければなりません。ベトナムにとって最も重要なのは、ASEAN自由貿易地域（AFTA）ですね。ベト

ナムはAFTAに1996年に加盟して、2013年の時点で既に、全品目の7割以上は関税率が0パーセントです。そして、2017年までに、原則として100パーセントにする計画です。要するに、ASEANとの貿易については、全部自由化、無関税でなければならない。最近ではASEANが統合して、ASEAN経済共同体の機運が高まっていますので、貿易自由化がさらに進展していくと考えられます。

もう1つの自由貿易は、ASEAN中国自由貿易協定、つまりASEAN中国FTAですが、ベトナムの場合は2015年、来年までに一部を除いて、対中輸入の関税撤廃、そして20年までに全品目の完全自由化が予定されています。要するに、ベトナムの工業化に際しては、中国からの輸入圧力から保護できなくなって、自由化しなければならないのです。

以上に述べたことをまとめますと、ベトナムの関税率が0パーセントなのは、全品目の72パーセントになります。そして、残りの中の24パーセントは関税率5パーセント以下と、非常に低い関税率でASEANとの貿易をしています。

そして、ベトナムにとって重要な問題の2つ目は、中国の台頭です。中国の台頭は、ご承知のように、世界全体に対するインパクトが大きいです。隣国として、また中国よりも発展段階が遅れているベトナムとしては、非常に大きなインパクトを受けています。ここで、中国の台頭をどういうふうに分析するかが重要ですね。いくつかのポイントをまとめますと、まず、中国は大国です。人口は13億人もいる大国ですが、高度成長は、長い期間にわたって実現しました。約30年間で年平均成長率が10パーセントぐらいです。これは世界的に見て、今までにない例です。

2番目の特徴は、その発展の過程で、外国の市場への依存度、つまり、中国の輸出依存度が急速に高まったことです。例えば、GDPに対する輸出比率は、1980年に7パーセントでしたが、最近は30パーセントぐらいに達しています。要するに中国は、大きな国で、しかも3割ぐらいは外国のマーケットに依存しています。ということは、近隣諸国に対してのインパクトが非常に大きいということです。

補章 【国際シンポジウム】ASEAN 統合とベトナムの工業化

　そして、3 番目は、輸出の工業化率です。中国の輸出のほとんど、つまり 90 パーセント以上は工業品です。だから、中国の存在は、さきほどインドネシアへのインパクトで見たように、ベトナムにも大きな影響を与えています。さらに、もう少し詳しく見ますと、中国では技能とか技術集約的工業品の国際競争力も強まっています。したがって、さまざまな分野において中国の力は大きくなったということが言えます。

　ということで、中国のベトナムへの具体的なインパクトは何かと言うと、ほとんどの中国の工業品において対ベトナム競争力が強いことです。そして、対ベトナム工業品輸出が急増しています。貿易不均衡が拡大し、ベトナム側では、赤字が拡大しています。さらに、さきほど申し上げましたように、ASEAN 中国 FTA という自由貿易協定の完成に伴って、中国のインパクトはさらに強まると考えられます。

　次に、ベトナムの輸入額の中での主要国の地位を見ますと、2002 年までは日本が一番多かったんですが、そのあと中国がどんどん伸びていって、今、日本は、中国、韓国に次いで 3 番目の位置にあります。これだけを見ても中国は非常に大きな存在です。中国からの輸入のなかでも、部品や素材などの完成品をつくるための中間財、あとは機械、設備など資本財は、ベトナムで大幅な赤字を示しています。

　中国への輸出入については、中間財はベトナムが大幅な赤字を出しています。資本財もそうですね。消費財と燃料、1 次産品は、ベトナムが中国に輸出していますが、やはりベトナムの工業化を考えるとき、この構造を改めなければいけません。次に、日本、中国、韓国、東南アジア、アメリカといった国々とベトナムとの輸出入、そして、貿易収支を見ると、ベトナムの対アメリカは大幅な黒字ですね。それに対して対中国は、大幅な赤字で、対日本は収支トントンです。このような構造から見ると、今後ベトナムは、後述しますが、アメリカにどんどん輸出を続けることは難しくなると思います。したがって、ベトナムとしては、やはり中国との貿易関係の改善が必要で、その上で対アメリカ輸出を考えていけばいいと思います。

　これをもう少し時系列的に見てみますと、対世界貿易収支は、最近は少し

　黒字です。しかし、対中貿易はずっと、赤字が続いています。したがって私は、自由貿易への対応と中国のインパクトというのが、ベトナムにとって2大問題であると思います。

　これまでの話をまとめますと、アジアでの工業化波及の中でベトナムは、現在、軽工業分野でキャッチアップできました。しかし、工業構造の高度化、例えば中間財の生産とか、資本財の生産とか、そういう方面はまだ遅れています。そして、2番目に、自由貿易の潮流と中国の台頭のインパクトが強いということが指摘できます。したがって、ベトナムの今後の問題は、産業の国際競争力強化です。そのために、ベトナムの動態的比較優位を顕在化させることが重要です。動態的比較優位は、潜在的に競争力のある産業において、技術の導入や経営資源の改善、インフラの整備などで、本来ベトナムの強みのあるような分野が、まだ現れてこないことです。そういうようなものを顕在化させる。それが新段階での工業化戦略に必要です。そのためには、今日はちょっと議論する時間がないのですが、国有企業の改革、民間企業の投資促進などが今日の課題で、外資の役割も大きいことは言うまでもありません。

補章 【国際シンポジウム】ASEAN 統合とベトナムの工業化

今後のベトナム工業化の3つの方向

　それでは、ベトナムは今後どのような方向で工業化を推進していくべきでしょうか。私は、差し当たり3つの方向が重要ではないかと思います。1つは、世界需要の所得弾力性が高い分野です。これは各種の機械工業、例えば、自動車、コンピューター、家電製品などの発展をさらに推進して、東アジア先発国の水準に近づけるということです。先ほどご説明しましたように、ベトナムは輸出の3割未満は、機械工業です。タイなどは、45パーセントから50パーセント台です。だから、それに近づけていくのです。特に部品・中間財の発展促進で工業化を深化していくということが考えられます。

　2番目は、中国から輸入している中間財を国産化で代替していくことです。上述のような貿易構造を改善するためにも、対中輸入依存度を低下させることが必要です。TPP（環太平洋パートナーシップ協定）を締結すると、ベトナムの対米輸出特恵関税を受けるためには、原産地規制の問題が発生します。けれども、中国はTPPのメンバーではないので、ベトナムは中国から部品を輸入し、それを加工して、アメリカに輸出することはできません。だから、そういうことを考えても、やはり対中依存度の低下が、どうしても重要な課題であります。

　3番目の問題は、豊富な農水産物資源をベースとする食品加工産業の発展です。特に今日では、日本などの所得の高い国々では衛生的で、安全な、品質の高い食料品の需要が増えています。ベトナムは、このようなものを作れば、外国にどんどん輸出できると期待できます。

　大体この3つの方向が、ベトナムの今後の工業化の焦点ではないかと思います。そして、ベトナムは、人口と労働力の規模が大きいことが特長です。2020年代初頭には、人口は1億人ぐらいと予想されます。ちょうど日本の50年ぐらい前の人口と同じです。そして、いわゆる人口ボーナスというのは、人口の中の労働力の割合が増えることを言いますけれども、ベトナムは2030年頃までこれが続きます。さらに立地条件もいいですね。ベトナムの海岸線は3,000キロぐらいありますし、天然資源も比較的豊富です。そういうことを考えますと、さっき申し上げた3つの分野以外の産業の発展も期待

できるかもしれません。潜在的な発展領域が広いのではないかと思います。こういうふうに考えますと、ベトナム政府にとっては、投資環境の整備、質の高いインフラ、行政手続きの簡素化、政策の透明性などを進めることで、内外企業に投資分野を選択させることができるでしょう。

ベトナム経済と外資

　さて、次の問題は、外資との関係で、ベトナムへの外国投資導入額がGDPに占める比率が高いことです。特に工業生産と輸出において外資の存在が大きいです。外資導入の実績において、実行額は認可額よりも少ないけれども、着実に上昇しています。最近のベトナム経済は経済成長が減速しているし、経済もちょっと不安定ですが、FDI（直接投資）が増加しています。ただ、ベトナムの問題としては、外資部門と国内企業とのリンケージ、連携が弱いことを指摘せねばなりません。また、合弁企業が少ないことも挙げられます。外国企業が直接投資を行うときは、100パーセント子会社が多く、ベトナム企業との合弁が少ないのです。外資系企業と現地企業との連携については、垂直的リンケージが弱いと言えます。垂直的リンケージというのは、例えば、日本企業のホンダやトヨタなどのような組立メーカーが必要な部品や素材など、その類のものをベトナムの企業から供給してもらうことです。そのような意味でのリンケージが弱いのです。このような二重構造が形成されています。二重構造というのは、外資系部門と国内部門とが並行して存在することです。こういうことを長期的に解消していく必要があります。そのためにはベトナム国有企業の改革と民間企業の発展が必要です。そういう前提で外資との連携を強化していくことが重要です。

　外資の重要性については、GDPの中でのFDIの割合は20パーセント近いですね。工業生産だけ見ますと、FDIは40パーセント以上を占めています。輸出の場合は外資系企業が65パーセント以上を占めています。ほかの国と比べて、ベトナムではFDIは非常に大きな存在であると言えるでしょう。

補章 【国際シンポジウム】ASEAN 統合とベトナムの工業化

ベトナム工業化と日本

　次は日本との関係に移りたいと思います。まず、申し上げたいことは、ベトナムの発展や市場経済の移行過程において、日本の ODA と日本からの直接投資の役割が大きいです。特に、二国間 ODA を見ますと、日本は断然トップです。2011 年以降、ベトナムが日本の ODA の受け入れ国として第 1 位になりました。直接投資のデータを見ると、認可額と実行額がありますが、認可というのは、ベトナム政府が認可するものです。認可されても、実行しないものもあります。計画の変更やさまざまな理由で実行しないものもありますが、日本の場合は実行率が高いです。周到な計画や調査などをして、認可されると、ちゃんと実行するわけです。それが日本の ODA の特徴です。だから、日本は認可額では、だいたい 2 番目か 3 番目でしたが、実行額はいつも 1 番でした。そして、近年では、日本からベトナムへの投資が急に増えたので、2012 年からは認可額でも日本がトップになりました。以上のように、日本の対ベトナム投資はベトナムから見て、非常に重要な地位を占めています。また、投資だけではなくて、ベトナムの投資環境の整備に対する日本からのアドバイスや要望がいつも積極的だったので、ベトナム投資環境の改善についても、日本の役割が大きかったということができます。その他にも、JICA を通じて日本の法律家や法学関係の専門家がベトナムに派遣されて、ベトナムの法的整備に貢献しました。また、人材育成など、日越間での知的協力も重要です。要するに、ベトナムの工業化や経済発展に対して、日本からさまざまな方面で積極的に協力していただいたということができるのです。

　まとめますと、ベトナムの工業化は外資への依存が高いということです。主要な投資国は日本、韓国、台湾、シンガポール、香港で、日本はトップの地位です。

　なお、日本の FDI は製造業に集中し、最近は中小企業への投資も増加しています。つまり、日本の直接投資は全体としてベトナムの工業化方向に合致していると考えられます。

　次に、最近 4 年間の日本からの投資状況を調べると、特に拡張投資が非常に増えています。この 2 年間は高水準で推移しています。

JETROのホームページで、現在日本企業がどんな国に対して関心があるかということを見ると、ベトナムは大体3番目ぐらいの位置にあります。中国は非常に大きい国ですから、どんな場合でも大体1番ですね。2番や3番は、タイやベトナムになります。これは多分、文化的や地理的近似性、あとは、風土、気候、生活環境（特にベトナムの料理）、現在の両国関係が良好な段階にあることが大きな要因だと思います。日本とベトナムの関係は、今、一番いいと思います。最近では特にほかの国での変化、例えば、中国と日本との関係が少し変化し、あるいは、タイへの投資はもうかなりたくさんしたから、これからは新たな投資が限られますので、「中国＋1」とか「タイ＋1」というような文脈で、ベトナムを評価しているというように解釈できます。ところが、ベトナムの経済状態は、今のところ、全体としてはあまり良くありません。成長率はちょっと下がったし、国営企業の問題、債務の問題などの不安定要素があります。けれども、ハノイとハノイ経済圏、あるいはホーチミンの経済圏の外資系部門は、ベトナム経済と離れて活動していますので、影響は少ないと思います。そして、インフラ整備の進展によって、投資可能圏が広がり、安価な労働力の確保ができます。例えば、今まで、ハノイ、ホーチミンなどの大都市に投資していたけれども、今日では、高速道路ができたので、もう少し遠隔地まで投資を拡大しています。そうしたちょっと離れた所では人件費がまだ安いから、進出するのです。そういうことで、日本の投資は現在、拡大していると思います。

　補足として、ベトナムでの日本企業のイメージを申し上げますと、ベトナムで日本製品（Made in Japan）とともに、日本企業への信頼性が高い。日本企業は品質を重視し、経営に関する倫理観が強いというイメージが、ベトナムでは定着しています。投資案件を決定する前に、周到な調査・検討を重ねるため、認可の実行率が高いということは、既に述べました。しかし、慎重な決定プロセスは、場合によっては決断が遅いという見方も、最近一部出てきています。だから日本は、今の良さを維持しながら、ケースバイケースで弾力的に対応することが重要ではないかと思います。特に最近では、韓国のサムスンのベトナムでの大胆な投資行動があって、日本との比較で対照的に

なっているのです。

おわりに

　最後に、今のベトナムは世界銀行の分類で見ますと、低位中所得国のレベルになったけれども、所得がまだ低いです。中所得国の幅は1人当たり所得が1,000ドルから1万ドルまでの幅が大きいなか、ベトナムはまだ低いほうですね。今後は、高位中所得国への持続的発展を目標にしており、そのために工業化を一層推進する必要があります。中期的には産業構造の高度化、産業の国際競争力の強化が急務であります。とりわけ、ASEAN共同体、あるいは、ASEAN中国自由貿易協定の完全実施までは工業力の強化が必要でしょう。そして、既に述べましたように、軽工業中心から幅広い分野、つまり機械工業や食料品工業などへの拡充、深化が望ましいです。そして、その過程に日本の果たすべき役割が大きいと結論づけたいと思います。ご清聴ありがとうございました。

前田：トラン・ヴァン・トゥ先生、ありがとうございました。先生は大体4つの点からご説明くださいました。東アジアのなかで、工業化の意味からベトナムがどう位置付けられるのか。キャッチアップの過程が円滑に進んでいくのかというお話をいただきました。それから2番目が、FTA、ASEANの中での自由化を進める。それから、中国との関係で自由化を進めなければならない。そういうFTAをベトナムは積極的に結んでいる。そして、中国との貿易赤字が非常に大きいということを指摘されました。そして3つ目は、とりわけ中国依存度を下げる必要がある。それは、部品や中間財の国産化を進めることによって、そういう道筋を考えなければならない。最後に4番目、日本と非常に親和性が高いということのご説明でございました。大変目配りの良いご報告をありがとうございました。

「AECを超えて——ベトナム発展の展望——」

Vo TrIThanh(ヴォ・チ・タイン)　ベトナム経済管理中央研究所(CIEM)副所長

はじめに

ヴォ・チ・タイン：日本語で話せなくて申し訳ありません。トラン先生は流暢な日本語でしたけれども、私は英語とロシア語しかできませんので、ご了承ください。

　主に、2点について申し上げたいと思います。1つは、ASEAN経済共同体に関することが中心になります。そして、ビジネスを行う際のベトナムとASEANとの関係についての話が2つ目になります。

　ベトナムと日本の経済関係、そして、ベトナムのASEANへの統合という観点から、少し大きな立場に立ってお話を申しあげます。

　最初に申し上げるべきでしたけれども、この場を与えていただいて、非常に感謝しております。東京には30回ぐらい行っておりますが、大阪は2回目で、今は大阪のほうに興味があります。東京は会議で行くだけですが、今日午前中に大阪城へまいりましたので、大阪のことを少しは知っております。

APECの4つの柱

　まず、AEC、つまりASEAN経済共同体のパラダイムについて考えてみます。AECのことを理解するには、4つのことを覚えておく必要がございます。これは、単に発展する、成長するということだけではなくて、いかにその開発のギャップを埋めるかということが問題になってまいります。つまり、カンボジア、ラオス、ミャンマー、ベトナムといった国々と、ほかの国々とのギャップです。つまり、AECは、物やサービス、それからお金の自由化ということだけではなくて、ほかのことを非常に重視しているわけです。このAECには4つの柱がございます。まず、1つ目は、いかに単一の市場、生産基盤をつくるかということです。2番目には、競争力のある地域をつくると

いうことで、競争政策ということが非常に重要です。3番目は、その開発のためのギャップということで、公正な発展をいかに達成するかということです。IAIというのは、ASEAN統合イニチアティブという意味でして、先ほどの4つの国々がどうやってキャッチアップしていくかということ。そして、中小企業に対する支援が含まれています。4つ目の柱は、ASEANは開かれた経済圏だということです。ASEANは、単にASEANの域内だけを統合するということではなくて、その広い地域であったり、世界経済と統合していくということです。2007年に承認された、このアクションプラン、つまり行動計画、ブループリントがすでに発行されております。4つの柱を実行していくためにも、その行動計画がきちんとなされているかを確認するスコアカードがあります。これがAECのパラダイムというものです。AECは、自由化だけではなくて、いかに新しいビジネスチャンス、ビジネスの機会をつくっていくかということが重要であると考えます。

　ここで考えなければいけないのは、どのようにしてその機会を実現するか、その機会にアクセスするかということです。東アジアには独自の生産ネットワークがありますから、それを考えに入れる必要があります。自由化を進めていくということだけではなくて、それを積極的に推し進めていくことが必要です。「ASEAN Single Window」という取り組みが進められていますが、これは税関などの諸手続きを一本化するという意味です。しかも、国家間での手続きを調和することが必要になります。MPAC（Master Plan on ASEAN Connectivity）に基づいて、接続性の改善が必要です。このために、1億ドル以上の資金が日本、中国、アメリカなどから投入されております。接続性を確保するために、機会へのアクセスと取引費用の削減が必要ですが、それだけではなく、協力も必要になってきます。

　この新しい機会を実現するためには、先ほどの4カ国の組織的能力を上げていく必要があります。このア

イデアは既にAPECの場を通じて、ずっと強調されていることです。バリで開催されたAPECでも、この接続性に関する計画が提唱されています。以上が、2点目のASEAN経済共同体についてのポイントです。

ここでAECとは、もうできたということではなくて、実現する過程のことを言っております。2015年以降のASEANのあるべき姿、ビジョンを、たくさんの研究機関などが研究、提唱していますが、ADBI（アジア開発銀行研究所）という機関が「RICH ASEAN（豊かなASEAN）」を2年前に提唱しました。「RICH」というのは掛け言葉でして、リッチなという意味、そして「Reassured（力強い）」「Inclusive（包括的な）」「Competitive（競争的な）」、「Harmonious（調和的な）」という言葉の頭文字を合わせた意味が含まれています。

今年に入ってから、ERIA（東アジア・アセアン経済研究センター）が、4つの柱にもとづいた「ASEANの奇跡」という提言を出しています。1990年に『東アジアの奇跡』が発表されましたけれども、同じように「ASEANの奇跡」というのが、この4つの柱で実現できると主張しています。

1つには、ASEANは開かれた地域であるということ、これがこのAECの中でのポイントです。ASEANが開かれたときには、ASEANの域内のことだけではなくて、より広い地域のことを考えていかなければいけないということです。またsub-regionというのは地域内の地域ということで、例えば、メコン川流域の国々など、そのような幾つかの地域を含んでいます。

もう1つは、ASEANが東アジアの統合に向けての中心的な役割を果たすということであります。ASEANプラス3など、さまざまな地域のことが出てきますけれども、2015年末までに、RCEPという1つの包括的な取り組みがなされるということも言われております。

ASEANが中心的な役割を果たすことに対して、問題点が1つあります。日本も中国もASEAN＋3もサポートしていたわけですが、中国がこのASEANの交渉の中により積極的に入ってきた。日本だけではなく、中国がRCEP（東アジア地域包括的経済連携）の交渉過程で非常に影響力を持ってきたという意味です。だから、ここでは、ASEANが東アジア統合に関して中心的な役割を果たすということに注目されるべきことです。TPPに関しても、

このASEANの中心的役割ということが課題になってきます。TPPに関しては、ASEANの中でもシンガポール、ブルネイ、ベトナム、マレーシアの4カ国しか参加しておりません。ですので、TPP交渉の進展と、ASEANが中心的役割を果たすという意味とは少し異なってきます。私は、ASEANが中心的役割を果たすということを支持したいと思っています。

　ご覧いただいているグラフはASEANとASEAN統合の経済的影響を示したものです。カンボジアとベトナムが、ASEANのより広い統合によって一番恩恵を受ける国々だということが分かります。これには理由が2つありまして、両国はまだ初期の発展段階にあることと、それからベトナムに関しては生産ネットワークに組み込まれているということがあります。

　AECについては理想的な4つの柱についてお話をしましたが、現実はどうでしょうか。ASEAN事務局が発行しましたスコアカード、つまり評価表を見ますと、85パーセントの政策が実施されているということになっています。これは公式な評価ということなので、信用しないほうがいいです。スコアを付けるということは、各国が自分自身でそれができたかどうかを確認するということであります。つまり法的な枠組みができたということで、それでやったというふうにカウントするわけです。現実にそれを実施するということは難しいので、ASEAN事務局はERIAという研究機関に、実際のところはどうなのかを調査させました。進展した分野は2つ、先ほどトラン先生がおっしゃった関税削減と投資の自由化です。ほとんどの投資分野で70パーセントの外国所有が可能になっています。それは実施することと、現実的に目標達成することとは、随分と差があるわけです。例えば、非関税障壁だったり、サービス貿易の自由化などはまだまだ非常に動きが遅いと考えられます。私のようにASEANのことについて研究している者にとっては、来年の末までに100パーセントこれを実行するということは、とても信じがたいことです。ただ、心配することはありません。来年末には、とにかくこのASEAN経済共同体はできるということです。これがASEANの1つのやり方なのかもしれませんが、今はできなくても、いつかはやるよということになるわけです。

ベトナム経済発展とASEAN

次に、ASEANとの関係でベトナムの話をいたします。最近までベトナムは、ASEAN統合に関してさほど真剣に注意を払ってきませんでした。ベトナムの持続的な発展のために、ASEANは十分な力を持っていないと考えていたからです。日本やアメリカのように非常に強い経済がベトナムを支えてくれるとは思っていましたが、ASEANではないということだったわけです。今は、その考えを変えました。ベトナムの改革と発展のためには、ASEANが非常に重要な役割を果たすというふうに考えています。ASEANが新しい事業機会を提供するだけではなく、開発ギャップを埋めたり、他のマーケットと統合していくうえで非常に可能性があるということです。ですから、ASEANに関して、ベトナムとしては非常に強いコミットをしていまして、Commitment、Connectivity、Centralityという3つのCを強調しています。ベトナムとASEANとの貿易を見ますと、ベトナムはASEANのなかで非常に大きな役割を果たしていることが分かります。

また、2つのことを付け加えておきましょう。それはベトナムが、ミャンマーやラオス、カンボジアといった国々に、多額の投資をしているということです。大体それらの国々では投資額2位に位置づけられています。ただ、製造業だけはなくて、農業ですとか、鉱業、サービス業、通信などの分野にも投資をしています。ところが、ASEAN貿易のなかでのベトナムのシェアは低くなっています。これはASEANでのベトナムの影響力なり、役割が低くなっているということではなくて、他の地域との交流の意義がむしろ拡大していることによると考えられます。

トラン先生は数年前の調査で、生産ネットワークに中小企業がどれぐらい加わっているか調査なさいました。それによると、東アジア全体の生産ネットワークに、ベトナムの企業の71パーセントが参加しているという結果が示されました。ですので、ベトナムとビジネスをすることは、東アジアや、より広いアジア太平洋地域でのビジネスを考える必要があるということになるかと思います。自由貿易協定を活かすには、原産国証明を活用するということになるわけです。韓国とのFTAについては、ほとんど全ての輸出がそ

れを満たしているということで、関税率がゼロになっています。日本とベトナム二国間のFTAを見ると、それは非常に低くなっているのが現状です。ASEANのFTAに関しても、20パーセントしかそれを満たしていません。中国でも20数パーセント、日本は31パーセントという数字です。

ベトナムの今後の戦略

次に、政府にとっての含意（インプリケーション）についてお話しします。まず、ベトナム政府にとっての示唆としては、第一に自分たちの開発戦略と他の国々との関係をどう調和させていくかということです。2030年、40年に向けたベトナムの戦略というのを政府は、今、提示しようとしているわけです。来年、共産党大会がありますが、その前に、2030年、40年に関する開発戦略についてのレポートが発表されることになっています。そのレポートではおそらくベトナムの地域統合の関係が議論されると思います。現在、ベトナム政府は新しい6つのFTAについて交渉を進めています。6つの自由貿易協定とは、ASEAN＋6、TPP、ロシア、EU、韓国、そして中央ヨーロッパとの自由貿易協定のことです。TPPは日本とアメリカの交渉にかかっています。

先週、ベトナムとアメリカの交渉に関しましては、非常に大きな進展がありました。また、EUとのFTAにつきましても、ASEM（アジア欧州会合）にベトナムの首相が参加し、政治宣言のなかで、来年第一四半期に締結するという方向で決着しました。ロシアとの税関の統合プログラムも、来年の早い時期に締結することになっています。韓国との二国間協定に関しては、今年の年末に締結を予定しています。ということは、今年、もしくは来年に、この6つの新しい自由貿易協定が締結されるということです。またRCEPという東アジア経済統合についても、AEC、ASEAN経済共同体と同時に完成するということになります。ベトナムは能力も十分と言えないのに、なぜそんなにたくさんのFTA、自由貿易協定に参加するのでしょうか。日本がTPPに参加表明する2年前に、トラン先生はNHKからインタビューを受けて、ベトナムがTPPに参加する必要性を語られました。政治的な要因もありますし、

経済的な要因もあるんだということをおっしゃいました。インタビューのあとに、地政学的なことや経済的なこととは別に、参加しても損はないだろうという考え方もあったと言われました。日本は TPP に参加することで失うものも多いですが、ベトナムにはさして失うものはないということが、その考えの根底にあります。

　今日、ベトナムが交渉している自由貿易協定は、TPP と同じぐらいに要求される自由化の程度が高いものです。TPP もそうなんですけども、非常に要求の高い自由貿易協定の交渉のなかで問題になるのは、国境を越える前の国内での規制だということになります。それにはさまざまなことが含まれますが、例えば対外企業に対する規制や環境、労働に関する規制、そういうさまざまな制約を含みます。となると、問題はいかにベトナム国内で組織的な改革を進めていくかということになります。今日までの自由貿易協定は、自由にしようということであれば非常に簡単なものでした。

ベトナム・ビジネスの展望

　最後は、ベトナムでお金儲けをするためにはどうすればよいかという話です。統合とはどういうことかというと、それは比較優位を見つけてビジネスを拡大していくということです。ということは、ベトナムで言えば、繊維であったり、電機産業や家具というような労働集約的産業が拡大していくだろうということが予想されます。統合過程のなかで、ベトナムでも中間層が拡大していくことが予測できますから、消費に対して、例えば観光業に非常によい影響があると考えられます。ベトナムの生産ネットワークへの参加度ということを考えますと、ベトナム貿易の半分ぐらいが中間財であったり、部品であったりするわけですが、日本とベトナムの間でいえば、行動計画が 6 つの産業において既に存在しています。6 つの産業分野というのは、1 つは農業機械、2 つ目が食品加工、3 番目が電気機械、4 番目が省エネ関連。そして 5 番目が自動車。最後の 6 番目が造船になります。2 カ月前に、日本とベトナムはこの 6 分野のうちの 4 つ、農業機械、食品、電機、省エネという 4 分野に関してのアクションプログラムに合意をしています。これに基づき

まして、例えばハイフォンに新たに日本だけの加工区というものを設けるという話が出ています。ただ、単に日本からの投資ということではなくて、日本の中小企業投資をとくに呼び込もうとしているわけです。バリューチェーンの中で進化していくと言いますか、高度化していくためにも、日本の中小企業とベトナムの中小企業間での協力が増えていくことになるかと思います。

　もう一つのセクターがインフラ開発の分野です。先ほど接続性という話をしましたけれども、ベトナムでは 2025 年までのインフラ開発計画というのがあるわけです。PPP という言葉がございますが、官民パートナーシップのための法的なフレームワークの整備が進められています。それから、外国投資にとっては新しい機会がサービス分野でも提供されています。例えばエンターテインメントであったり、e コマースであったり、流通の分野であったり、そういった部分での外国投資の誘致も進めようとしています。今までの製造業だけではなくて、サービス業関連の日本企業、中小企業も、ベトナムへの投資関心を向ける理由があるわけです。例えばご存じだと思いますが、イオンがホーチミン市の近郊に最大級のショッピングモールをつくっています。

　今は事業機会の話をしているわけですが、ベトナムでお金儲けをするということは、言うほど簡単ではありません。JETRO 調査によりますと、ベトナムでビジネスをする上で、いつも問題になる 3 つのことがありまして、1 つはインフラです。2 つめは人的資源、特に中間管理職の問題。そして最後は、いわゆる行政手続き面での問題、いわゆる汚職などの問題です。

　昔はベトナムのことをよく知ったと思ったときには、もうお金がなくなってしまったという例え話があるわけですけれども、今日ではそれが改善されているということだと思います。どうもありがとうございました。

前田：ヴォさん、ありがとうございました。大変分かりやすいお話で、しかも ASEAN のなかでベトナムは頑張っていくんだという意思表明を強烈に感じました。また、自由化過程の中でベトナムは、中国とともにさらに行くのか、あるいは、TPP のなかで日本やアメリカと一緒に行くのか、そういう選

択肢に直面しているというようなことですね。最後にビジネスのこともちょっと教えていただきました。

　長時間にわたって恐縮ですが、あともうお一方、池部先生からのご報告がございます。池部さんが終わりましたら、一旦休憩いたします。よろしくお願いします。

「ベトナムと中国の生産ネットワークの深化——華越経済圏の展望——」
池部　亮（日本貿易振興機構海外調査部アジア大洋州課長）

はじめに
池部：こんにちは。長丁場になって大変だと思いますが、あと20分で終わりますのでお付き合いください。一昨日まで、バングラデシュに出張していました。初めてバングラデシュに行ったのですが、結構過酷な生活環境だなあというのが第一印象でした。そして、風邪をひいて帰ってきました。座ったまま失礼いたします。今回の内容は大体1時間かけて話すものですから、早口になってしまうかもしれませんが、ご容赦ください。

さまよう日本企業
　最初に、最近の講演でいつも申し上げている「さまよう日本企業」についてです。JBICが毎年調査している日系企業調査ですけれども、今後3年ぐらいをにらむと、どの国に投資するのが有望だと思いますかという、要するに人気投票の結果を示しています。これについては、1992年から中国が圧倒的な1位を維持しています。複数回答で、年によってデコボコはしますけれども。50パーセント以上の得票率を常に取っています。しかし、2013年にいきなり第4位まで急落します。中国が50パーセントの得票を割って、なおかつ1位でなくなったというのは、初めての調査結果です。何が言いた

いかというと、中国がこの2年に見せた急落ぶりというのは一体何かというと、おそらく中国にはあまり原因がなくて、あくまでも日本の、私たちの情緒といいましょうか、センチメントが中国から離れたということを表しています。ですから、中国の投資環境なりビジネス環境が急激に悪化したということではないと考えます。ただ、チャイナ・プラス・ワンとか、日本企業がさまよっているというふうに申し上げましたけども、その背景にある一番大きな問題だと私は思っています。要するに、日本企業、日本の消費者のセンチメント、情緒が、中国から離れているということです。では、かわりにどこか人気国が台頭しているのかというと、1位から5位まで拮抗した状態にあります。得票率で40パーセントぐらいのところにひしめき合っているというのが今の状況です。そんな状況下で、東アジアの分業構造を考察しながら、チャイナ・プラス・ワンとタイ・プラス・ワンのご紹介をするというのが、この20分のミッションです。

1．ベトナム貿易構造の変化

まずは、ベトナムの貿易構造についてです。これはトラン先生からもご説明があったので、かいつまんでお話ししますけれども、左側が輸出で、右側が輸入です。ここで、急激に上がっているのは電気機械です。先ほどヴォ先生のほうからもご指摘がありましたが、フラグメンテーションでいうところの、プロダクション・ブロックをいくつかに分けて実施するのが国際分業の1つの考え方です。電気機械、エレクトロニクス、IT製品といったものは、その国際分業の最たる品目です。それはご存じのとおり、中国がやはり世界の工場としてエレクトロニクスの巨大な集積を持っています。それがチャイナ・プラス・ワンということで、巨大な集積からベトナムなどの東南アジア地域へと分散する国際分業の背景となります。中国から見たベトナムは地勢的に近い位置にあります。国境を陸で接しており、文化的にも近いわけです。歴史的にも中国の南進圧力に絶えず抵抗した歴史を持っていますので、ある意味、文化的な相似性も強いわけです。ですので、チャイナ・プラス・ワンと言ったときの受け皿国としてのベトナムが、非常に注目されてきています。

先ほどの日本企業のアンケート結果にありましたが、ベトナムを選んだ人に「なぜベトナムがいいと思いますか？」と聞くと、「ある国のリスク分散のため」と言う回答が多いのです。中国のリスクを意識してベトナムを選んでいるというのが、この折れ線の示すとこ
ろです。あまりはっきりとは出ませんでしたけれども、ここ2年、中国人気が急激に落ち、ベトナムのリスクヘッジ投資の価値がちょっと上がるという関係にあるわけです。エレクトロニクスを輸出すればするほど、ベトナムは輸入が増えているというのもお分かりいただけるかと思います。その背景はこのあとで見ていきます。

　次にベトナムの主要な貿易相手国を考えてみましょう。この10年間ぐらいのうちに、ベトナムのエレクトロニクスの主要輸出先は、世界のいわゆる極になるマーケット国です。中東であれば、アラブ首長国連邦だったり、ヨーロッパであれば、フランスやドイツ、イギリスであったり。あと、アメリカやロシアです。つまり、世界市場に向けて、「何か」を輸出しているわけです。これらの国と分業しているわけでは多分ないので、最終財が最終製品としてベトナムから輸出されているわけです。携帯電話とか、コンピューターとかテレビとかです。

　他方、輸入はどうなのかというと、伸びているのは中国、韓国、マレーシア、タイ、フィリピンなどからです。これらの国々からはおそらく中間財、あるいは素材とか部品、こういったものを輸入しています。部品類を買って、ベトナムで組み立てて、最終製品にしたものを世界中に輸出する、そのような構造を強めてきたのがこの10年であろうということです。

2．チャイナ・プラス・ワンとタイ・プラス・ワン

　チャイナ・プラス・ワンとタイ・プラス・ワンを見たときに、あとでご説

明をしようと思うのが華越経済圏です。華越経済圏というのは私の造語ですけれども、中華の華、華南の華です。広東省を中心とする産業集積地の華南とベトナム、越南です。その華と越を取って華越経済圏としています。経済圏と言っても、先ほどのAECのような経済共同体とは言えませんが、生産ネットワーク地域のようなものがエレクトロニクス製品を中心に、ここの分業構造の中で深まってきています。経済圏と言ってもこの地域でヒト・モノ・カネの移動が自由化しているというわけではありません。そういった意味では完全なる経済圏とは呼べませんが、生産ネットワーク地域として関係が密になってきています。

　地図を出してみますと、一番右にくるのが広東省。私は実はJETROで6年間、広州に駐在をしておりました。この珠江デルタ経済圏はダイナミックなものづくりの地域であることを肌で感じております。あるいはハノイです。私はハノイにも6年間駐在しておりました。ハノイと広州を結び付けて何か議論ができないかということで、これら地域の国際分業構造を研究しようと考えたわけです。実際調べてみると、生産ネットワークが密になっていることが分かりました。

　次にサービス・リンク・コストのことにも触れたいと思います。サービス・リンク・コストというのは、国際分業をすると、拠点が分散します。今まで1ヵ所で作っていたのに、それが2ヵ所になり、3ヵ所になったりします。しかも、国境を越えて別の国に点在するとなると、これを何らかのかたちで結ぶ必要があるわけです。原材料や素材をA国からB国に行って、B国で加工して、C国にまた持っていって組み立てるといったことを、国際分業の大きなサプライチェーンで形成していくと、大きな問題に直面するわけです。それは人件費が安くても、輸送費が割高になると、成り立つ話ではなくなるからです。人件費で安くなる分が相殺されてしまいますので、分業コストのなかで、その輸送費が非常に大きなポーションを占めることになります。サービス・リンク・コストが下がってきたから、ベトナムが、東アジアの国際分業地域の中で中国と組めるようになってきたということも1つ背景として大きいと考えます。どういうことかというと、2国間を結ぶ道路があっても、

例えば陸上国境は1991年までは使えませんでした。中国とベトナムの関係が悪かったからです。あとはベトナム本土のみならず、カンボジアやラオスなどでのさまざまなインフラ整備も日本のODAで進んできました。そして、ハード面、あるいはソフト面で国と国の制度調和が、この10年、20年、急激に進んできました。そういったこともあって、拠点をこれらの国々に分散しても分業が成り立つ、そんな経済環境が生まれてきています。サービス・リンク・コストは輸送費だけではなくて、通信費や出張旅費などですが、広東省とベトナムだったら、もう今はほとんどの従業員は国際バスで行き来をしていると思います。従業員や技術者はそうだと思います。通信費、これも昔は電話が主流でしたけれども、今はEメールですから、どこに行ってもほぼタダです。地球の裏側であっても、距離に影響されない通信事情となりました。あと、文化的な障壁が低いということです。中国の南のほうとベトナムは、文化的にも非常に近いです。同じことがタイとラオスでも言えるでしょうし、タイとカンボジアなどにも言えると思います。そういうことで、サービス・リンク・コストが下がってきていることが、ASEAN、東アジア地域の分業を加速させているという側面があるのです。

　さらに、生産要素賦存比率の差異についても説明しておきたいと思います。要するに、これは労働力のコストです。広東、タイ、ホーチミン、カンボジアと労働者の賃金が安いところ、中ぐらいのところと高いところが隣接しているわけです。これらによって得意分野が違うわけですから、ものをつくるにあたって労働コストが安いところに一番合ったもの、労働集約的な部分を持っていく。従って、労働コストが高くなったところは、もう少し設備を入れて、機械を使った加工を増やしていく、といったことが分業構造を特徴づけています。

3．東アジアの二次展開の構造

　貿易特化係数って聞き慣れないかもしれませんが、貿易収支を指数化して輸出競争力を示しています。要はプラスの範囲に入っていれば、この品目については貿易収支が黒字です。で、マイナスに入ったら赤字です。それでは

広東省、ベトナム、タイを見てみましょう。先ほど見た生産要素でのなかで、労働力を見ると、広東省は高く、ベトナムはまだ安いです。タイは広東省と同じぐらい高い。これらの東アジアの国々でどんなことが今起こっているかをIT関連製品の貿易特化係数について、最終財、部品・中間投入財に分けて分析しました。広東省はご想像のとおり、人件費のかかる組み立て工程を経て、最終的な製品を輸出することについては、徐々に競争力を落としているわけです。これはなぜかというと、おそらくは人が雇いにくくなったり人件費が上がってきて、従来のように汎用品を大量につくって世界に輸出するやり方で量的な拡大を志向するのは難しくなってきていることが背景にあります。

　一方、部品・中間財については、IT製品に使われる部品類については、競争力をジリジリと上げています。部品類は特定最終財の生産が落ちても、別の類似製品に使えるような中間財を作ればそちらに売れるわけです。例えば金型や鋳物、めっき、金属の焼き入れや表面処理などがそういった加工業といえます。このような要素技術を持った部品産業の厚みというのがあって、競争力を伸ばしつつあるというのが推測です。これについては、中国全体の数値で見ても同じ傾向が見られます。ベトナムは、最終財は一気に上昇して輸出特化に近い状態になりました。この背景は、サムスンのGALAXYだけの効果です。本当に「だけ」と言っていいと思います。サムスンのおかげで最終財の輸出が一気に伸びています。他方で、最終財の輸出が増え、部品は輸入に依存している構造から部品輸入も増加します。ただし、インテルがベトナムの南部でCPUの生産と大規模な輸出を拡大させたので、部品の貿易特化係数が上昇しています。ただ、全体の貿易構造で見たら、そのインテルを除くと、ベトナムは最終財を輸出するために部品輸入を格段に増やしているということです。一方、タイは広東省と同じように人件費の高騰や労働者不足などによって、最終製品の輸出は競争力を落としています。ただ、タイの場合、部品も一緒に競争力を落としています。おそらくタイは最終財の多国籍企業を中心とした生産立地を受けて輸出を伸ばしてきたのですけれど、それが最近衰えています。多国籍企業に付随して出ていった一次部品メーカー

が、主にはセットメーカー向けの部品を供給してきました。ただ、最終財メーカーが輸出を落としてきたので、その部品生産・輸出も落ちているということです。ここに二次部品メーカー、三次部品メーカーまでの厚みがあれば、こういう結果にはならなかったかもしれません。広東省との違いは、おそらくその要素技術を持ったIT関連製品につながるような部品の集積というのが、タイは薄かったのだというふうに考えております。これは実際に検証しないと分かりませんが、そうではないかと思っています。

4．中越電気機械貿易の構造

　残り時間が5分ほどになりましたので、次に中越間での電気機械貿易の構造についてご説明します。中国がベトナムより人件費が高いわけですから、普通に考えれば同じ携帯電話をつくるのであれば、中国でより高いものをつくって、ベトナムでより安いものをつくるはずです。汎用品、普及品をベトナムでつくって、高級機種を中国でつくる。したがって、最終製品をお互いで輸出入している場合、中国からの輸出単価が高いはずです。印刷機械でもそうです。キヤノンのプリンターは広東省でもベトナムでもつくっています。広東省では、複合機のような高いものをつくっていて、ハノイでは一般家庭に普及するような価格帯の安いプリンターをつくっています。ですから、水平的に最終財生産を分業しているわけです。

　次に、部品はどうなのかというと、ベトナムでは産業構造がまだ中国ほど成熟していないので、素材に近いものになればなるほどベトナムでは生産が難しくなります。鉄とかアルミ、プラスチックやゴム、樹脂みたいなものになると、どうしても中国から買ってこなければ手に入らない。それに、ベトナムで何らかの加工を施すということになります。でも、加工はまだ、1から10の工程のうちの5くらいから先しかできないので、1から5までは中国で施した上で持ってきてもらうということになります。ベトナムで、5から10の加工をして、製品としての部品をつくって最終財メーカーに納めるわけです。したがって、部品単価は、中国から安い状態できて、ベトナムで付加価値を付けることになります。それをまた中国に戻すケースもあるし、

ベトナムで製品に組み込まれて輸出するケースもある。プリント基板を考えていただくと分かりやすいと思います。プリント基板をつくるというのは、かなり設備集約型の産業になります。これはベトナムにまだないとしたら、中国で基板をつくる。それを持ってきて、ベトナムで手作業や機械で穴を開けたり、電子部品を実装するわけです。それを、中国に返送するといった分業もあるわけです。この場合はどうなるかというと、プリント基板は安いものをベトナムは買ってきて、高いものを中国に売っているわけです。ですから、部品でいうと垂直的な分業構造があるわけです。単価で調べていくと、概ねそのとおりになります。ところが、映像機器類と印刷回路という製品については、今言ったことが通用しません。それがなぜかということについては、これからの研究課題なのですけれども、その背景を見ていくと、印刷回路についてはベトナムにサムスンのような最終財メーカーが出てきているから、中国から高い印刷回路を買う必要があるということです。ベトナムでももちろん作るのですけど、時間的、数量的、品質的に間に合わない分を中国から取り入れている。GALAXYについて言えば、中国でつくっているGALAXYも、ベトナムでつくっているGALAXYも同じものです。ただ、輸出先が違います。ベトナムで作ったGALAXYは中国には行かず、西に輸出されています。したがって、貿易収支は、トラン先生が示された中国を除いて、ベトナム輸出の中で携帯電話が激増していますが、中国との間では貿易収支は赤字となります。

　余談ですが、映像機器は中国が得意分野としていたモジュールがほとんどです、監視カメラやウェブカメラ、スマホに搭載されるカメラモジュールなども含まれます。中国でもつくっていたものが段々型遅れになってきて、今日では、日本企業が10社ほどベトナムで集積をし、そこで製造を始めました。最新鋭の機械を持ち込んで最先端のカメラモジュールを組み立て、中国に輸出しています。つまり、労働コストが安い国と高い国で見られる伝統的な貿易理論に基づくような生産分業構造から、ベトナムと中国の関係はもう少し変わってきています。ベトナムに集積の利益みたいなものが出始めているというのが、まさに、ここ2年ぐらいの変化です。ですので、それほどの

産業集積が、今まで 20 年かけてなかったのですけれども、ようやく、新しいパターンの分業が見られるようになってきたという意味で、非常に面白い結果だと思っています。

　ということで、時間になってしまいました。またパネルディスカッションでご質問があれば、お答えしたいと思います。最後に、今、お話ししたような内容の本を半年前に出しましたので、ご関心があれば、手に取ってご一読いただければと思います。ありがとうございました。

前田：池部先生、どうもありがとうございました。皆さん時間を見事にお守りくださいまして、感謝します。今から休憩に入りたいと思いますが、質問票を袋の中に入れていますので、是非とも質問をお寄せください。それでは、4 時 20 分より再開いたします。

　　　（休憩）

第二部　パネルディスカッション

前田：では、パネルディスカッションを始めたいと思います。だいたい、今から 5 時半ぐらいまでをめどに進めていきたいと思います。まず、手順といたしましては、最初にお三方から、今一度強調したいこと、言い忘れたことを中心に 3 分から 5 分程度承ります。そのあと質問状がいくつか提出されていますので、それにお答えしていただきます。そして、最後にフリーディスカッションと考えております。

　トラン先生、再度強調したい、ぜひともこれは言いたいということはございますか？　もしあれば、どうぞ。

トラン：だいたい申し上げたとおりですが、強調したいことは、例えば、今、

ベトナムの直面している課題にはいろいろあると思います。さっき私は自由貿易の潮流の中で、ベトナムの工業力はまだ弱く、中国のインパクトが大きいと申し上げました。ベトナム自身はかなり努力しなきゃいけない。そして日本の力、日本の資本技術系ノウハウの導入が重要です。何といってもアジアでの工業国の経験として、最近にはいろんな国が追い上げていますけども、日本は売り上げがまだ一番だと。国内経済はちょっと停滞してしまったけども、これも100年以上の工業国としての経験がある。そして、ベトナムでの日本に対する評価は非常に高い。今日、日本はやはりほかの国と比べてベトナムにとっての投資の意味がより大きいというふうに私は思っています。

前田：ありがとうございます。おっしゃったとおりで、繰り返す必要もないかと思います。それでは、続いてヴォ先生、言い残したことがございましたら、お願いいたします。

ヴォ：2つのことを申し上げたいと思います。今、この時期がベトナムにとっては1つのターニングポイントであるということと、それから、日本とベトナムの関係についてです。なぜターニングポイントかと言いますと、ベトナムは4つのことを今成し遂げようとしております。1つはマクロ経済の安定化です。インフレ率を見ますと、3年前は20パーセントあったわけですが、今は4パーセントに抑えられております。2つ目はこの3年間ぐらい少し経済がスローダウンしているというところがありまして、成長率が5.5パーセント程度になっている。これを回復させていくということが課題です。3つめが、3つの分野で改革をしていかないといけない。いわゆる、非効率なセクターを改革していくという意味で、金融部門、国営企業、公共投資の部分を改革していく必要があります。最後の4つ目が、ほかの経済との統合をより深めていくこと。この4つのことを成し遂げようとしているので、ターニングポイントということになります。われわれは、しかし限られた資源しかありません。日本でもそうだと思うんですけれども、公的債務が非常に膨れ上がってきているという状況があります。ベトナムが低所得国から中所得国に移行していくのにともなって、ODAが増えていくということは期待できないわけです。今後20年間の発展の可能性を考えると、民間部門と外

国投資、この2つが大きな役割を果たします。2つ目の、その調整なんですけれども、経済改革をいう前に、政治改革も行っていかなくてはいけない。最近憲法も改正いたしまして、党と国会の関係とかそういったものも変えてきまして、それをもって来年の党大会に臨むということです。2016年には新たな指導者を迎えることになります。外国の方は、「次の首相は誰ですか?」と、私によく聞きます。私は、「分からない」と言うんですけれども、ただ1つ言えることは、今の首相ではないということです。今の首相は2期目を迎えておりますので、3期目は規定上ないわけです。ほかのポストに就くかもしれませんが、それは分かりません。

　2番目の日本とベトナムの関係ということですが、今、われわれは非常に総合的な、戦略的なパートナーシップを築いていると言えます。私見ですけれども、日本とベトナムはそれを支えるために、すべてのものを持っていると思います。経済開発という側面からすると、両国は非常に補完的です。例えば人口構造にしても、お互いに補完しています。1つの例を申します。日本は看護師が不足しているわけですけれども、今週ベトナムから200人の看護師が来日をしました。ベトナムは、60パーセントが30代以下というような人口構造です。日本とベトナムの関係においては、何一つ、紛争やもめ事はありませんし、非常に良好な関係です。しかも、安倍首相が首相に就任した際に、最初に電話で会談した外国の元首というのが、ベトナムの首相だった。今はベトナムのターニングポイントでもあり、ベトナムと日本の関係においてもターニングポイントであると考えます。以上です。

前田：ありがとうございました。

　では、池部先生、5分程度でよろしくお願いいたします。

池部：5分ぐらいでお話しできることというと、まず1つは中国についてなんです。先ほど「さまよう日本企業」ということで話をしましたが、私は中国にもいましたので、中国の事情は多少分かっているつもりでいます。ただ、いかんせん、今中国については過小評価というか、いい面も悪い面も含めてあまり見ないようにしている、そんな感じです。食わず嫌いというか。何かそのような心理状態にあるような気がします。福井県立大学にいたとき

補章　【国際シンポジウム】ASEAN 統合とベトナムの工業化

も、大学や商工会議所、県、JETRO も含めてですけど、セミナーを年に 5 回～6 回すると決まっているわけです。それを、今までは半分以上中国をテーマにやってきたわけですけど、中国については何かアレルギーを示される人が多く、「また中国？」ということもあって、やりにくくなっています。

では、中国をやめる分、セミナーを 3 回にするのかというとそうではなくて、6 回やらなければならないなら、メコン経済圏をやろうとか、インドネシアを入れてみようとか、インドもそろそろやろうとか、そういうようなかたちで、ほかの地域を結構取り上げています。

2 カ月前に私は JETRO に戻りまして、アジア大洋州課長に就いて、つくづく感じます。非常に講演会の機会が多くて……。私は月に 6 回ぐらい、こういう場でお話をする機会があります。これは ASEAN についてです。で、ベトナム担当も、ミャンマー担当も、それぞれ月に 5～6 回地方まわりをして、セミナーを色々なところでしています。中国のチームもありますけど、そこはもうそういうニーズが減っているわけです。ですから、習近平・安倍総理会談がもし来月実現したら、またセンチメントは中国に多少戻るのではないかと思っています。今は明らかに ASEAN についての情報ニーズがインフレを起こしていまして、その分忙しい状況にあります。ただ、こういうのもいいのかなと思って、しのいでいます。しかし、中国についてはそういう感覚なんだというところは踏まえたほうがいいと思います。今から申し上げる話が多少関係があります。

中国について、大方の企業さんは中国に工場があったりして、中国での生産に慣れています。中国の労働者についても熟知されています。チャイナ・プラス・ワンだということで、生産拠点をメコン諸国に展開する企業が、真っ先に戸惑うことは労働コストじゃなくて、労働者の質です。労働生産性がかくも低いのかと、想像もしていなかったという企業が、この 2～3 年お会いする中で、増えています。縫製工場もそうですし、電子部品の組み立て、電気モーターの組み立てなどです。中国を 100 としたら、生産効率で言うと 25 というところでしょうか。ということは、人件費が半分、あるいは 3 分の 1 でも、生産効率が落ちて 4 分の 1 しか生産できないなんていうことがメ

コン諸国のなかで、起こるわけです。ミャンマーはまだそのような進出事例がないのと、ベトナムは、そこそこ作業スピードが早いといわれています。メコン諸国に中国から進出した日系企業の社長さんによると、「かくも中国人が優秀だったかということに、チャイナ・プラス・ワンによって気づいた」といいます。あとは、中国の生産環境がいかに良好だったか、素材調達などの面で言うと、まだまだ総合得点は中国が高い。だけれども、地政学的リスクや政治的リスク、あるいは企業のリスク管理がどうなっているのかという消費者や株主からの疑問、そういったものに対して何らかの答えを出さなければいけないので、中国依存度が100では困ります。だから、中国ではない生産地を探しているということです。

　先ほど、タイ・プラス・ワンの話をし損ねたので、その話を少しご紹介します。

　タイ・プラス・ワンは聞くことはありますけれども、実際の例を挙げて、指折って数えてみたらラオスとカンボジアで20事例もないと思います。日本企業以外でタイ・プラス・ワンみたいなことをしているところは少ないように思います。縫製工場や加工食品に一部ありますが、国際分業にかかわっているエレクトロニクスの分野になってくると、日本企業がほぼ担っています。先ほどの分業構造の話で説明すると、ベトナムは中国と同じ製品を水平的に作っていました。高級品と汎用品と分かれていますけれども、タイ・プラス・ワンは、そういう分業ではありません。生産工程の一部を、労働集約型の部分をカンボジアやラオスに持っていっています。そのためには、資材や部品、段ボールからパレットすべてをタイからアレンジして持っていくわけです。で、賃加工したものを持って帰ってきます。こうした工程間分業では割高な輸送費がやはり経営を圧迫します。この半年間の動きのなかで、バンコク周辺からのアレンジメントでプノンペンまでトラックを往復させると、かなり輸送費が高くつくのでよほど高付加価値なものを作らないとペイしないという話も聞こえてきます。プノンペンの人件費が上がっているからというのもあります。有名な日本企業ですが、プノンペンでモーターを作ってますが、一部付加価値の高いLEDバックライトを生産し直接カンボジアから

輸出するようになりました。ですので、タイ・プラス・ワンについては注意深く見たほうがいいと思っています。いかんせん、労働集約型の工程をサテライト化して隣接国に立地させるというメリットはありますが、受け皿国には労働集約産業を支えるほど大きな人口集積地がないということです。ラオス 600 万人、カンボジアで 1,500 万人ということを考えると、非常につらいところです。ですのでミャンマー経済の影響によるインパクトが大きいのだと思います。それがタイ・プラス・ワンの現状です。

　ちょっと長くなって申し訳ありません。日本企業の競争力をもっとも削いでいるものはコンプライアンスの問題です。コンプライアンスの重視をする姿勢は日本企業が目立って強いと思います。これはいいことなのですが、今まで運用しなかった制度を取り入れたり、新しい制度を導入したときには、現地行政機関はまず日本企業に行きます。そこで、「さかのぼって払ってもらえますか？」っていう話をして、「いやいや、それは無理だ」って言うと、「じゃあ、罰金になります」といってくる。すると、日本企業は払ってくれるわけです。罰金になったことを本社に説明したくなかったりということもあるでしょう。要するに、日本企業はコンプライアンスをちらつかせるとお金の払いがいいというふうに思われるようになっています。中国に関連して先ほど汚職の話も出ました。中国から進出した福井のとある眼鏡企業があります。ホーチミンで工場を展開しましたけれども。20 年にも及ぶ中国広東省東莞市で眼鏡を作ってきた経験豊富な企業です。その社長さんが、ホーチミンの汚職と賄賂のひどさに憤慨しています。よくよく聞くと、日常的に賄賂が必要な状況だというのです。日常業務のために賄賂が必要という状況は中国にはもうありません。その会社は世界ブランドへも製品を供給していますので、コンプライアンスはとても厳しいのです。結局、3 年でホーチミンの工場を閉じてしまいました。コンプライアンスはもちろん大事ですけれども、ベトナムの行政サービスの場合、それは経費として受け取っているわけですね。個人が着服するのではなく、組織的に集めて職員に再配分しています。悪気もなくやっていることですからなかなか直らないのです。だから、そこはちょっと根が深いと思っています。以上、中国、タイ・プラス・ワン、

そしてコンプライアンスについてと、3点お話ししました。

前田：ありがとうございます。今、お三方から追加的なご説明をいただきました。

質疑応答

前田：フロアから質問票をたくさん頂戴しておりますので、これに基づいて質問いたします。トラン先生に1枚、ヴォ先生には2枚、池部先生には3枚ございます。まず、トラン・ヴァン・トゥ先生への質問です。

　国際経済統合に向かって市場機構、マーケットメカニズムを改善する必要があるということをおっしゃっていますが、自分自身の経験からすると、それは20年前の話である。それには共産党の意向がいろいろ働くのではないか。つまり、市場を徹底するということに対して、党が否定的な役割を果たすのではないかと、そういう趣旨のご質問です。

　それから、ヴォ・チ・タイン先生へのご質問です。ハイフォン郊外に日本の中小企業を誘致しようとしているという話でした。可能であればもう少し詳しくお聞かせいただきたい。それから、同じく2つめの質問です。「ミドルマネジメントの不足が課題です」と言われましたが、その目的を達成するためにどういう政策をベトナム政府はとろうとしているのか教えてください。3つ目の質問です。アクションプログラムのなかで合意されていました農業機械、そのほかを含めた4業種対象の件ですが、これはバリューチェーンのなかで進化するための協力をもたらすのか、あるいは、労働集約工程に固定化される恐れはないのかという質問です。

　それから、池部先生に3枚ございます。細かな点を含めていくつかあります。まず、南シナ海の貿易物流が最近の中国の進出によって影響を受けるのではないかという質問です。それから2つ目、ベトナムの個人所得、可能であれば数字を教えていただきたい。3つ目、汚職対策は進んでいるのか。これは先ほど実態をお聞かせいただいたんですが、対策面は進んでいるのかという質問です。

池部：それは日本企業のですか？

前田：そこまでは書いてないのですが、ベトナム政府の汚職対策面だと思います。トラン先生のほうがよろしいでしょうか？　そうですね、トラン・ヴァン・トゥ先生、政府の対策をお願いいたします。それから池部先生への質問。日本のODAはどんなところに使われていますか。それから、経済圏はなぜ東西に伸びていくんでしょうか。南北にまたがる傾向はないんでしょうか。雲南のことを言っているんですかね？　昆明とか。もしかしたらそうかもしれませんね。それから、東西にまたがる面白い特色はどんなところにあるでしょうか。

　もう一度簡単に整理いたします。

　トラン先生、共産党は市場経済に否定的ではないのかという質問。それから、共産党政府は汚職対策をやっているのかどうかという質問でした。それから、ヴォ先生へは、ハイフォン郊外への中小企業投資とミドルマネジメントへの育成策。それから、アクションプログラム、これは日越共同イニシアティブだと思うんですが、その中で農業機械、4業種等を指定しているんですけれども、これはバリューチェーンのなかで進化していくことになるのか。あるいは、労働集約工程の固定化につながるのではないかという質問。それから、池部先生へ、南シナ海での中国とのトラブルは物流を妨げるのではないか。それから、2つ目。1人当たりのGDPが分かれば教えてほしい。それから、ODAはどんなところに使われているのか。そして華越工業経済圏に関係して、経済圏というのは必ずしも東西じゃなくてもいいのではないかという、そういう趣旨のご質問だったと思います。どなたからいきますか？トラン先生、よろしゅうございますか。

トラン：はい。市場経済と共産党の影響についてのご質問ですが、共産党と市場経済は、やはり合わないわけね。要するに、もともとベトナムは、共産党の支配のもとで社会主義経済、社会主義体制を作った。そして経済がうまくいかないから、仕方なく市場経済へと移行した。けれども、共産党一党独裁のままで、市場経済は完全には実行しにくい。具体的に言いますと、今日、特定の生産要素、要するに、土地とか資本、そして資本の市場は歪みが出てきている。共産党支配のもとで国営企業を優遇してきましたが、国有企

業は簡単に用地や資金へのアクセスはできますけれども、国営企業以外の民間企業などはなかなか投資資金の確保や用地を確保できないということが現状です。ご質問の中に国際統合という文脈の中でのお話もあったんですが、国際統合については、外資系部門と国内部門はちょっと離れていて、私は二重構造と申し上げた。だから、ベトナムの国内市場、土地や資金市場、資本市場がうまく働いていないのだけれども、それは外資系部門とあまり影響がない。要するにベトナムの国内経済部門は影響を受けています。だけど、外国の部門とあまり影響がないというのが私の私見です。

前田：汚職対策についてはどうですか？

トラン：ベトナム政府が汚職撲滅、防止運動をやったのは10年ぐらい前だったと思います。だけど、今のところ、まだ効果が出ていないようです。これは2つの問題があると思う。1つは、池部先生がおっしゃった眼鏡の企業のような例だと、下のほうのレベル。要するに、公務員でも、地方政府の下のほうの層はもともと給料が少なくて、賄賂などがないと生活は難しい。もともとそうだった。だから、解決するには賃金を大幅に上げなければいけない。私もそういう線で提案したけども、なかなか実現しない。なんらかのやりがいがない、予算が足りないと。今後、本格的にやりますとの返答です。この間副首相に会ってこの問題を聞いてみたんだけど、賃上げするためには売上以外での利益の確保が不足している。だから、利益の確保が今後の課題です。あと、ちょっと上のレベルでの職業、これは、やはり一党独裁。日本のように民主党と自民党とが国会でやり合うような、要するに対立政党がないとチェックができない。だから、一党独裁では汚職問題の解決には時間がかかる。今の指導者たちは危機感を持っているようで何とかやるだろうけども、ちょっと時間がかかると思います。

前田：ありがとうございます。大変分かりやすいご説明、ご返答でした。じゃあ、続きまして、ヴォさんにお願いします。

ヴォ：私への3つの質問にお答えする前に、先ほど挙げられていた点について少し補足したいと思います。トラン先生がおっしゃったように、これは非常に長い時間のかかるプロセスだと思います。おそらく3年ぐらいでまさに

中国が経験したように、ベトナムでも汚職への取り締まりが今後厳しくなると思います。汚職を防止する委員会というか、そういったものが、党の中にできて、そして、党の書記長が直々に汚職防止に取り組んでいるところです。既に立件されている件数も出ています。既に公務員が起訴されて死刑判決を受けているという例もあります。また、市場経済について申しますと、改革のなかにおける市場経済化が1つの大きな柱であります。市場経済であるとか市場機構を改善するために、3つのことが起こると私は考えています。1つは国営企業改革です。繊維の分野で非常に大きな国営企業があるんですが、民営化されました。来月にはベトナム航空が民営化されます。携帯会社のなかで一番儲かっている会社も、民営化に向かっています。2020年には国営企業自体がもう片手ぐらいの数になります。2つ目は、国営企業や民間企業、外国企業が公平に活動できるような法制度の整備が進んでいます。現在、ベトナムの国会にあたるところで会社法や投資法が改正されています。いま開かれている国会で、それらが改正される予定です。民間企業であれ海外投資であれ、そのあたりの改善が期待されます。TPPですとかEUとのFTA交渉のなかで、ベトナムは市場経済の国であることを明記することを要請されています。その要望に対して、相手国、つまりヨーロッパとアメリカはベトナムが市場経済だということを認識しているということだと思います。

　さて、中小企業についての当初のご質問へのお答えなんですけれど、それは今に始まった話ではなくて、中小企業の誘致が非常に重要だということは以前から出ています。例えば、日本の中小企業向けの工業団地や工業特区を整備しようとしています。それの1つの例が、ハイフォン近郊に見られます。今年はベトナム国内でハイフォン地域が投資誘致の国内での第1位になるだろうと考えられます。ハノイからの高速道路ができると、60キロ、70キロかかっていたところが25キロですむわけです。ベトナムの日本人商工会議所だと思うんですが、いろんな中小企業団体がベトナムで活動する上での問題点について話し合っています。いわゆるサポーティングインダストリーをベトナムにつくっていくために日本の中小企業にお願いしたいことは、現地の中小企業との協力関係をぜひ深めてほしいということです。サポーティン

グインダストリーへの協力はまだまだ進んでおりません。政府も法整備に乗り出しているところです。職業訓練などのシステムが、中間管理職に関してですが、あんまりよくないと指摘されています。ただ、それについては外資系企業個々の努力にかかっているところが多いと思います。台湾企業の例を出しますと、家族的な経営をやっている。今は中国とベトナムの関係において、中国人の中間管理職が帰国してしまうということで、台湾企業も苦労している部分があります。ですので、他の国の企業であっても、ベトナム人の管理職を育成するということが非常に重要であります。

　アクションプログラムのご質問に対してお答えします。6分野のうち2つはまだ交渉中です。自動車産業はベトナムでは難しいという認識もあります。造船業についても、国営企業との関係もあってまだ不透明です。残る4分野のなかで食品加工のセクターについて、ちょっと申し上げます。TPPもありますし、震災もありましたので、食品産業に対する考え方は日本でも変化してきていると思います。ですので、食品加工産業は、ベトナムでは資源が豊富にあるので、ASEAN域内で優位性があるということです。もちろん農業生産の面でも、ASEAN、特にベトナムでは非常に優位な点があります。これから高付加価値化も進んでいきますし、日本の品質に合うような製品もできてきます。そういうことで、日本とベトナムで、これが戦略的な分野だという合意があったわけです。

前田：ヴォ先生、丁寧にご説明くださいましてありがとうございます。それでは、引き続いて、池部先生、よろしくお願いいたします。

池部：南シナ海のシーレーンの影響ですけれども、私は専門外なので何とも言えないですが。もちろん中国とベトナム、フィリピンが、あとブルネイやマレーシア、インドネシアもその係争には関係すると思います。その解決はなかなか難しいと思いますけど、シーレーンが通行できなくなるような大きな紛争になるとは、私自身は考えておりません。将来ここが通れなくなったら、日本だけではなく世界経済に大きな影響を与えると思います。実際にはそこまで紛争地域になっているということでもないと思います。

　あと、ベトナムの一人当たりGDPの2014年での推定値は、実質で約1,500

ドルぐらいですね。これは、おしなべて国民9,000万人を分母としたらそうなるということです。だから、都市はもっと高いわけです。ホーチミンやハノイには3,000ドルとか4,000ドルとかいうような購買層が平均であると思っていただければいいと思います。あと、日本のODAについても、私自身が見ている範囲となりますが、肌で感じるのは道路と橋と港です。こういったところの交通インフラというのは、やはり日本は企業が行くというのを前提としていますので、ODAの分野では目立ったところですね。発電、変電、送電などもそうですが、生活インフラよりは社会インフラとか企業活動に資するようなインフラのほうに、お金の額で言えばたくさん供与していると思います。ちょうど2000年ぐらいから、日本も顔の見える援助ということを言い出しました。それまでは誰のおかげでこの空港ができたのかとか、まったく分からない状態のものが多かった。何かプレートを出したほうがいいと、日の丸などを出したほうがいいというような議論がありました。そして、最近はメコン諸国のどこへ行っても、ラオスに行けばヴィエンチャン空港のところは日本とラオスそれぞれの国旗とともに、「日本が作ってくれました。ありがとう」みたいな記念碑が建っています。町に行けば韓国の国旗をつけた道路があったり、中国もやっています。メコン諸国については援助合戦みたいなところがあるだけに、自由にみんながいろんな絵を描きたがっているようなところがあります。悪い言い方をすれば、草刈場みたいになっているわけです。目に見えやすいインフラ整備については、そのような状況になっていると思います。

　それから、経済圏がなぜ東西かというのは、私もよく分かりませんけれども、たまたまなのではないかという感じがします。別に東西じゃなくて、南北であっても、基本的には集積地というのは、幹線道路に沿って進み、それが幹線道路に沿って拡散していきます。それがたまたま東西であるということだと思います。別に南北がないということではないと思います。

前田：端的にご説明くださいまして、ありがとうございました。そうしましたら、残り15分ほどの時間がございますので、フロアから質問を2つ、3つ、受けることができるんではないかと思います。どうぞ、ご自由に挙手いただ

きまして、ご発言をいただけたらと思います。

質問者1：ヴォ・チ・タイン先生へのご質問です。少し繰り返しになりますが、アクションプランで4つの産業について、もう合意が得られているということでしたが、このなかで、日本からの技術移転への期待というものは含まれているのでしょうか。

ヴォ：もうお気づきだと思いますが、その技術移転がもちろん重要になってくるわけです。この合意というのは、それぞれ両国間の比較優位から導きだされているものですので、技術移転というのは当然重要になってきます。ただ、単純な技術、ハードな技術というよりも、マネジメントのノウハウであるとか、そういったようなソフト面での技術の移転が重要です。それをどのように移転していくのかというのも議論にはなってくると思うんです。したがって、技術移転はもちろん重要ですよ。

質問者1：ありがとうございます。

前田：それでは、2人目のご質問をお受けします。どんな質問でも構いません。どのようなご質問でもこのメンバーだとおそらく答えられると思いますので、ベトナム、あるいはASEAN等も含めましたメコンデルタ全体の問題でも構いません。

質問者2：ダナンから東西回廊が着工されているというか、できつつあると思うんですけれども、それとベトナム中部の経済、そして、カンボジア、ラオスなどの経済とどのような影響が今後予見されるでしょうか？

前田：これは、もう池部さんの独壇場ですね。

池部：東西経済回廊は、ADB（アジア開発銀行）が主導するメコン流域国のグレーター・メコン・サブリージョンズという計画の目玉です。ダナンを出て、北上し、フエなどを通って、9号線でラオスを突っ切って、ラオスのサワンナケートというところからメコン川を渡って、対側のムクダハンというところにつきます。そして、そこを横切って、将来的にはミャンマーのモーラミャインまで行くというものです。今言った都市名のなかで、あまり聞いたことがある都市の名前が出てこないですね。ダナンは皆さんお分かりだと思いますけれども、要するに、当初は貧困回廊だなんて言われたこともあり

ます。それが経済幹線として利用される価値があるのかというのは、ずっと前から論じられていました。実際、私も直近では3月にも行きました。確かに実際に車の利用はそれほどありません。通行量はそんな多くないです。ただし、例えばベトナムの中部に影響を与えるとすると、タイの観光客がその回廊を通りラオスを横切って仏塔を見学して、ダナン、フエやホイアンとか、ビーチリゾート地域もありますので、そういったところに観光目的でやってくるようになりました。ベトナム人の出稼ぎも30日間はビザが要らないので、ムクダハンのほうに行ってアイスクリームやお菓子などの行商をして帰ってくる。国際友好橋ができたおかげで、土曜日1日休めば、バスに乗って千円ぐらいで、タイのムクダハンからラオス側のサワンナケートに来て、ワンタッチしてまた戻ればビザがリフレッシュできるわけです。ですので、30日まで働けるというので、区間、区間はかなり生活道路っぽく使われています。メコン川を渡る国際橋のところについて言うと、出稼ぎ者の重要なインフラになっています。国際分業の話で言うと、ハノイからオートバイの完成車をタイに持っていくというような輸送が一部あります。ベトナムも今は景気が悪く、完成したオートバイの売れ行きが悪いので、タイのグループ会社との間で製品を棲み分けして相互供給するなど水平的な分業を行なっています。一方、ベトナムからそういう完成車を持っていっても、今度は持って帰ってくるものがないのが難しいところです。逆にタイのほうからはエンジン部品を積んで、ラオスを横切って、ハノイの工場まで持っていくのですけど、今度は帰りの荷物がない。結局、シャーシだけ戻すということはしたくないので、どうしても往復の貨物をアレンジしないとペイしないということになります。この片荷問題が運賃を割高にしている側面があります。日系物流会社の日新が、ラオスのサンナケートに会社を作りまして、トラックを18台ぐらい持っています。ラオスの運輸会社であればベトナムにも乗り入れでき、タイにも乗り入れが可能ですので、3カ国を通行できるわけです。ただし、理屈上は可能でも先にお話したとおり片荷問題があるため苦戦しています。また、ラオスとしては通過されるだけの国になりたくないという思いもあります。国境地域でゆっくりしてもらった方が、ガソリンでも入れた

り、ドライブインで食事してもらったり、あるいは宿泊してもらうということが大事です。このため、越境交通の円滑化を進めれば進めるほど、通過されるリスクを意識するようになります。国境地域の問題というのは、さまざまな方面から見ないといけないと思います。私たち日本は企業ユーザーとしての目線で、便利にしてくれとか、もっとスピードをアップしてくれとか、手続きをワンストップにしてくれとか言いますが、国家同士が向かい合っている場所だということを、やはり忘れてはいけないと感じています。

質問者2：ありがとうございました。

前田：そうしたら、最後にどなたでも結構です。もう1人だけ質問を受け付けたいと思います。

質問者3：日本政策金融公庫の者です。何でもいいということですので、当社の状況を少しご説明させていただきます。今、海外に展開されるお客さまが5,500社を超える状態になっておりまして、チャイナ・プラス・ワンもあって、輸出だけを狙っているお客さまを入れるとおそらく10,000社を超える状況だと思います。ところが国の機関ですので、海外における駐在員事務所の数が限られています。今あるのが、タイのバンコク、あと中国の上海にしか事務所を置けておりません。今後どんどん増えていく中小企業のお客さまを駐在員事務所でサポートしていく必要のあるなかで、専門家の目で見ていただくと、3つ目の駐在員事務所のロケーションについてアドバイスをいただければ大変助かるんですが。

前田：誰がお答えになりますか。池部さんですか？

池部：ベトナムって言うべきなのでしょうか。

前田：じゃあ、ひとまず、今日の話の範囲内で。

池部：でも、実際中小企業さんがこれから出ていくフィールドって、もうセットメーカーがあって、一次、二次部品メーカーがいて、さらに先ほどお話ししたような要素技術をもった中小企業が中規模あるいは小規模で出てくるレンタル工場があるような場所で始められる場合が非常に多くなってきました。だから黎明期ではないかと思うのは、ベトナムのホーチミンだと思います。ハノイでもいいかもしれませんけれども。そういうことを考えると、

例えばミャンマーに行っても、中小企業はそれほど出てこられないと思います。ある程度進んでいるという意味でいくと、ベトナムじゃないかなという気がします。

前田：大変熱心にご討議いただいてありがとうございました。それではこれで、クロージングにします。今日は長時間に渡りまして大変多くのことが語られました。たくさんのポイントがありましたが、おそらく強調されたのは、大きく分けると2つのことだったのかなと思います。1つは、トラン先生に質問が集中したんですが、共産党、社会主義と市場が調和的であるのかという話でした。汚職対策を含めてですね。それに対して、トラン先生から、これは長い時間軸の中で考えるべきで、それしかないんだというご説明がありました。このことに関連して同じく他の方からは、自由貿易の中でASEAN共同体の中でしかベトナムは生きられないんだと述べられました。そういたしますと、2015年のASEAN経済統合、あるいは、18年の統合というふうに、もう目前に自由化義務が迫っているわけであります。したがって、長い時間の中で解決すべき問題と、明日にでも、今にも克服しなければならない問題があるという、そういう意味でのターニングポイントに立っている。

　ベトナムは非常にチャンスがあると思いますが、崖っぷちの状況でもあると私は思っております。バラ色であると同時に、必ずしもバラ色としてばかり喜んでおられない、頑張らなければならない状況にあると思っております。それに対して、日本企業、日本政府がODA、あるいは技術移転を通じて、やるべきことはきっちりやる、そういった社会的要請があるんだということでした。まとめるとこのようになるかと存じますが、それでよろしいでしょうか。

　そうしましたら、今日は熱心にご討議いただきました3人の講師の先生に、ならびに通訳の平井先生を含めまして、温かい拍手で終わりたいと思います。誠にありがとうございました。

あとがき

　本書は私の研究人生後半にたどり着いたベトナムの中小企業についての書である。先に出版された『ベトナムの工業化と日本企業』(同友館、2016年)とは異なり、今回はベトナム中小企業についての単著である。

　ここで私がベトナムの中小企業を研究対象と定めるまでの紆余曲折について、少し述べることをお許しいただきたい。

　大学・大学院で私が選んだのは貿易論・世界経済論のゼミナールである。修士論文のテーマに第2次世界大戦直後期でのイギリスの貿易問題についてアメリカとの対抗－協調関係を軸に分析することとした。大学院生の頃には、このような視点から何篇かの論文を発表した。ただ、大学院博士後期課程そしてその後の数年間は大学に研究者として職を得ることができなかった。オーバー・ドクター(この呼称が一般的であった)の私は、やむなくとの気持ちもあって、京都市立の高等学校で専任の教師として2年間勤務した。

　そのようななか、たまたま立ち寄った大阪府立商工経済研究所で研究職の募集を行っていることを知り、1986年4月に採用されることになった。この研究所は自治体設置のローカルな研究機関であった。当時、中小企業分野についての膨大な研究蓄積があるところとして全国的に知られていた。ただ、採用されてわずか半年後には大阪府行政「改革」のあおりを受けて、大阪府立産業開発研究所という名称の組織に改編された。しかしながら、それ以降、私の研究には、中小企業論という分野が新たに加わることになった。

　研究所での最初の数年間は大阪中小企業の景気動向調査や中小企業団体の景況観測調査が私の仕事であった。その業務は、大阪府内の一次データを関係部署から収集し、前年同期と比べてその数字の増減をカウントするだけのDI調査であった。とはいえ、研究所では、上野紘、高田亮爾、村社隆、天川康、近藤和明、池田潔などいずれも研究職の先輩・同僚にご指導いただく

ことができた。近隣の居酒屋で頻繁に遅くまで付き合っていただき、喧々諤々の議論を行った日々を懐かしく思い出す。このような方々と出会えたことが、その後における私の研究者人生にとりまさしく宝となっている。

一方、研究所在籍の間にあっても、当時片山謙二先生が主宰されていた関西EC研究会（現・関西EU研究会）には時折参加していた。いつ頃だったか思い出せないが、柳田侃先生から、当時先生が企画を進められていた本への分担執筆をお声掛けいただき、原稿を書き進めていくうちにヨーロッパ経済についても研究再開の気持ちが湧き起ってくるようになった。おりしも、1980年代の後半を迎えるに至り円の急騰を背景に、それまで輸出主体で成長してきた大阪の中小企業にもタイやマレーシアなどアジア各国に進出するところが増えてくるようになった。こうして、研究所内での私の仕事にもアジアやECなどに関係するものが含まれるようになってきた。

そのような状況のなかで、1995年4月には縁あって現在の勤務校である大阪商業大学に現代西欧史と貿易政策の担当者として採用になった。大学奉職後のしばらくの間は毎年のように、EU本部のあるブリュッセルやロンドン等ヨーロッパ各地での面談調査なども積極的に進めるようになった。それまでの長く鬱積していた気持ちからようやく解放されるとともに、文献研究だけではなくて、フィールド調査をも積極的に併せ行うという私の研究スタイルが確立していった。このようなヨーロッパ調査の研究成果は、やがて拙著『EUの開発援助政策』（御茶の水書房、2001年）に結実し、私の博士論文となった。

勤務校から1年間の研究休暇を得て、ケンブリッジ大学（イギリス）Gonville and Caius Collegeでの在外研究が終わる頃に、勤務先から経済学科主任になるようにとの連絡を受けた。その後、経済学部長としての任期が2期あり、合計9年ものあいだ執行部の仕事に忙殺されてしまった。大学の休暇期間中であってもヨーロッパ訪問など一定の長い期間を要する遠方の旅にはほとんど出かけにくくなってしまった。

こうしたこともあって、私のベトナム（とくにハノイ市とその周辺）通いが

あとがき

始まる。関西空港を朝の便で出発するとその日の午後に到着する。そして、帰国日の深夜便に搭乗すれば翌朝に関空着というスケジュールである。つまり、到着日の午後、翌日の一日間、そして帰国の日には早朝から夕食時までの合計2日半の仕事が可能となる。したがって、2泊4日というのが私のお決まりのハノイ調査の日程である。ベトナムでは一日に3～4社の進出日系企業、ベトナム企業、政府機関等を訪問するという私なりのルールを守るように努めたが、出発までの間に先方との訪問日時の調整でかなりの手間がかかるのは仕方ない。ハノイ市内からタクシーで、遠いところでは2～4時間程度の工業団地に入居している企業等への訪問を繰り返しているうちに、ヒアリング調査の記録ノートも十冊を超えるようになった。

　ベトナム語がまったく分からない私が短期間とはいえ、現地でこのような行動が可能になるのは、毎回、ベトナムの友人、知人たちによるお世話のおかげである。Vu Thi Viet Thao、Le Thi Ngoc Han、Le Thi Cuc、Nguyen Thi Maiのみなさんはいずれも、ベトナムの同じ名門大学を卒業された優秀な方ばかりである。全員が流麗な日本語を話されるとともに、その人脈が広いことに驚かされる。そして、次々と優秀かつ面倒見の良い方々を紹介してくれるので現地調査で困ることはなかった。これらの方々には、訪問先での通訳はもとより、アポイント取得、アンケート調査の協力、ホテルやタクシー・食事の手配に至るまで心を配ってくださる。そうした多くのご支援により、本書のデータのほとんどが収集可能となった。この方たちとは、毎年、ベトナム、東京、大阪、京都のどこかでお会いしている。友人以上の付き合いといっても言い過ぎではないと思う。
　また、ここでお名前を記すことは差し控えるがJICAやJETROの関係者の方々にも多くのことをお教えいただき、現地調査に同行していただくこともあった。もちろん、ベトナムに進出している日系企業でご面談くださった多くの方々にも感謝申し上げなければならない。企業によっては2度、3度と繰り返し訪問させていただき、私が納得するまで同じ質問を繰り返しても多くの方は辛抱強く説明していただいた。みなさん、非常に忙しい方ばかりな

のに、よくこれだけ面談が可能になったと、本書を上梓するにあたり、感慨をあらたにしている。

　それにつけても、ベトナムは多くの先生方と友人を私に結び付けてくれた。不思議な縁を感じる。また、進出している日本企業の人たちもなんとなく温和な顔つきの人が多い。
　定年まであと1年を残すのみとなったが、思えばイギリスからスタートした私の研究航路はこれまで紆余曲折があったものの、多くの方々の支えもあってそれなりに充実していた。

2018年2月

前田　啓一

アンケート調査票

≪アンケート調査票≫

（整理番号）

ベトナムにおける日系進出企業（機械金属関連製造業）の
国際分業・生産体制に関する調査
（2013年6月現在）

【調査実施の主体】

大阪商業大学　経済学部教授／経済学部長　前田啓一
〒577-8505　東大阪市御厨栄町4－1－10

Vu Thi Viet Thao（ヴ ティ ヴィエト タオ）
ベトナム社会主義共和国　外務省領事局勤務
（神戸大学大学院国際協力研究科　博士課程後期課程）

＜ご記入にあたってのお願い＞

1．本調査は、ベトナムにおける日系進出企業の適切なあり方を学術的に検討するためのものです。他の目的に使用したり、個別企業の内容を公表するものではありませんのでご協力をお願い申し上げます。

2．調査内容等でお尋ねがあれば、前田もしくはタオまで電子メールにてお問い合わせください。

3．ご記入くださいましたこの調査票は、<u>7月14日までに、同封の返信用封筒にて</u>上記の前田研究室宛てにご投函ください。

（返送先）大阪商業大学　前田啓一　宛て
住所：〒577-8505　東大阪市御厨栄町4－1－10

貴社名（現地法人名）	ご記入者名　　（役職名　　　　　　）
住所（ベトナム）	工業団地名
メールアドレス	電話	FAX

（以下、2枚目以降の設問にご協力ください）

＜設問はここから始まります＞

Ⅰ．貴社（現地法人、以下同じ）の概要

1. 貴工場の稼働開始年は（西暦）　　　　　　　年

2. 貴社の業種　　　　※売上額が最大の業種（最も近いもの１つを下から選択してください）

| 1. 産業用機械（工作機械、農業用機械、事務用機械、繊維機械等）・同完成部品 |
| 2. 電子・電気機械・同完成部品　　　　　　3. 輸送用機械・同完成部品 |
| 4. 精密機械（光学、測定機器等）・同完成部品　　5. 金型　　　　　6. 金属プレス |
| 7. 鋳鍛造品　　　　　　　　　　　8. 製缶・板金加工　　　9. プラスチック成形加工 |
| 10. メッキ・塗装　　　　　　　　　11. 熱処理 |
| 12. その他（具体的に　　　　　　　　　　　　　　　　　　　　　　　　　　　） |

3. 貴工場の主な生産品目を具体的にご記入ください（例：プラスチック金型など）

4. 貴工場の従業員数（役員・パート等を含む）をご記入ください

	現　在	3年前（2010年度決算時）
従業員総数	人	人
（うち、日本人）	人	人
（うち、ベトナム人）	人	人

5. 貴社の資本金（あてはまるものに〇をし、金額をご記入ください）

1. 200億VND以下	2. 200〜1000億VND以下	3. 1000億VND超
金額	金額	金額

Ⅱ．生産体制について

1. ご使用の素材

（1）ご使用の主な素材はどのようにして調達されていますか（最も近いものに〇）

| 1. 輸入 | 2. 現地調達 | 3. わからない |

（2）輸入元（下記の選択肢から、番号を選択してください）

① 現在		② 3年前	

| 1. 日本　　2. 韓国　　3. 台湾　　4. 中国　　5. シンガポール |
| 6. タイ　　7. インドネシア　8. マレーシア　9. フィリピン　10. インド |
| 11. 欧米　　12. その他（　　　　　　　　） |

（3）現地調達の場合、そのメーカー（現在、あてはまる全ての番号を選択してください）

| 1. ベトナム国有企業　　2. ベトナム民営企業　　3. 日系進出企業　　4. 韓国系進出企業 |
| 5. 台湾系進出企業　　6. 中国系進出企業　　7. その他（　　　　　　　　　　） |

アンケート調査票

2．ご使用の主な市販部品
（1）ご使用の市販部品はどのようにして調達されていますか（最も近いものに〇をしてください）

1．輸入		2．現地調達		3．わからない	

（2）輸入元　（下記の選択肢から、番号を選択してください）

① 現在		② 3年前	

1．日本　　　2．韓国　　　　3．台湾　　　　4．中国　　　5．シンガポール
6．タイ　　　7．インドネシア　8．マレーシア　9．フィリピン　10．インド
11．欧米　　12．その他（　　　　　　　　　）

（3）現地調達の場合、そのメーカー（現在、あてはまるもの全てに〇）

1．ベトナム国有企業　　2．ベトナム民営企業　　3．日系進出企業　　4．韓国系進出企業
5．台湾系進出企業　　6．中国系進出企業　　7．その他（　　　　　　　　　　　　　）

（4）ベトナム国有企業・民営企業から調達されている主要なものを具体的にご記入ください（例：段ボール箱など）

ベトナム国有企業から	
ベトナム民営企業から	

（5）現地調達上の問題点を具体的に2つご記入ください（例：品質上の不揃いが多い）

第1位	
第2位	

3．外注工場（貴社の設計図や仕様書に基づき、生産・加工を行う企業）の活用
（1）外注工場を利用されていますか　（あてはまるものに〇）

現在	1．利用している		2．利用していない	
3年前	1．利用している		2．利用していない	

（2）利用している場合、その工場数は（社数でお答えください）

時期	合計	内訳					
		ベトナム国有企業	ベトナム民営企業	日系進出企業	韓国系進出企業	台湾系進出企業	中国系進出企業	その他（　）
現在	社	社	社	社	社	社	社	社
3年前	社	社	社	社	社	社	社	社

（3）今後（1～3年後）、利用を強化する外注工場は（あてはまる全ての番号を選択してください）

1．ベトナム国有企業　　2．ベトナム民営企業　　3．日系進出企業　　4．韓国系進出企業
5．台湾系進出企業　　6．中国系進出企業　　7．その他（　　　　　　　　　　　）

（4）当地では、次のいずれの加工業種の外注利用が進んでいますか。また、今後育成が必要なのはいずれですか。
　　それぞれあてはまるものの番号を二つご記入ください。

① 3年前		② 現在		③ 今後（1～3年後）	

1．鋳物加工品　　2．鍛工品　　　　3．ダイカスト品　　4．プレス加工品
5．製缶加工品　　6．板金加工品　　7．機械加工品　　　8．メッキ加工品
9．塗装加工品　　10．電子部品加工　11．ソフトウエア加工　12．ユニット加工品
13．完成品組立　14．特定できない　15．その他（　　　　　　　　　　）

III. 主要な部品・素材の現地調達先

(1) 主要な現地調達先にはどのような特徴がありますか。
現在と1~3年後の将来について　（あてはまるところ全てに○）

		ベトナム国有企業	ベトナム民営企業	日系進出企業	韓国系進出企業	台湾系進出企業	中国系進出企業	その他（　　）
規格化・標準化されたもの	現在							
	1~3年後							
ユニット部品・複雑加工（組立）	現在							
	1~3年後							
非ユニットの外注部品・単純加工	現在							
	1~3年後							

(2) 部品調達先について、品質、コスト、納期管理面を比較してください。
それぞれについて、良好○、やや悪い△、悪い×、ときどき悪い時もある（×）を入れてください。

	日系企業	その他外資系企業（台湾・韓国系など）	ベトナム企業	中国からの輸入品
品質				
コスト				
納期				

(3) 調達先のベトナム企業（工場）を工程別に見た場合、どのような特徴（課題）がありますか
（最も近いもの一つに○）

開発・設計	① 積極的になりつつある	② 一部だが取り組みつつある	③ ほとんど進んでいない
5S活動	① 全面的に導入ずみ	② 一部だが取り組みつつある	③ まだまだ不十分である
KAIZEN活動	①全面的に導入ずみ	② 一部だが取り組みつつある	③まだまだ不十分である
加工精度	① ±0.05mm程度ないしそれ以下	② ±0.02mm程度	③ ±0.01mm程度
納期管理	①高いレベルで進められている	② おおむね適正である	③ まだまだ不十分である

IV. 販売・輸出先の動向

1. 貴工場の生産・加工品目で販売・輸出している先は（主要な先を2か所選択してください）

① 3年前		② 現在		③今後（1~3年後）	

1. 日本　2. ベトナム国内　3. 韓国　4. 台湾　5. 中国　6. シンガポール
7. タイ　8. インドネシア　9. マレーシア　10. フィリピン　11. インド　12. 欧米
13. その他（　　　　　　　　　　）

アンケート調査票

(2) 主要な販売先は（現在、あてはまる全ての番号を選択してください）

1. 貴社の同一資本グループ企業（在日本）　　2. 従来取引企業の日系企業
3. 当地で新規取引の始まった日系企業　　　　4. ベトナム資本企業（国有・民営）
5. 韓国系進出企業　　　　　　　　　　　　　6. 台湾系進出企業
7. 中国系進出企業　　　　8. その他（　　　　　　　　　　　　　　　　）

V. ベトナム工場の位置づけ

(1) 日本の本社工場から見て貴工場は（あてはまるものを選択してください）

1. 3年前		2. 現在		3. 今後（1～3年後）	

1. 加工拠点　2. 組立輸出拠点　3. 組立国内（対ベトナム）販売拠点
4. その他（　　　　　　　　　　　　　　　　　　　　　　　　　）

(2) 貴工場の今後の予定（1～3年後）（あてはまるものを選択してください）

1. 拡張する予定（今の生産・加工品の増産）　　2. 拡張する予定（新規の生産・加工品の開始）
3. 変わらず　　　4. 縮小・撤退の予定　　　5. わからない

(3) 他国から貴工場へ生産が移管される予定がある場合（1～3年後）、それは次のいずれからですか
　　（あてはまるものを選択してください）

1. 日本	2. 韓国	3. 台湾	4. 中国	5. シンガポール
6. タイ	7. インドネシア	8. マレーシア	9. フィリピン	10. インド
11. 欧米	12. その他（　　　　　　　）			

(4) 貴工場から他国へ生産が移管される予定がある場合（1～3年後）、それは次のいずれへですか
　　（あてはまるものを選択してください）

1. 日本	2. 韓国	3. 台湾	4. 中国	5. シンガポール
6. タイ	7. インドネシア	8. マレーシア	9. フィリピン	10. インド
11. ラオス	12. ミャンマー	13. カンボジア	14. 欧米	15. その他（　　　　　）

(5) ASEANの経済統合が2015年に実現します（ベトナムの場合、一部品目は2018年）。
　　これによりASEAN域内関税が撤廃されることとなりますが、ベトナムの製造業に及ぼす影響はいかなるものに
　　なるとお考えですか？（最も近いものに〇）

1. 全体として壊滅的な打撃を被る　　　　2. いくつかの産業では壊滅的な打撃を被る
3. ASEAN周辺諸国との分業関係の再構築が進むだろうが、当社にとってのマイナスの影響は部分的である
4. ほとんどない　　　　　　5. むしろプラスの影響（生産面）
6. むしろプラスの影響（販売面）　　　7. わからない

VI. 貴社の国際分業体制（生産体制を含む）に関する今後の見通し

貴社の国際分業体制（生産体制を含む）に関する今後の見通しについて、自由にお考えをお聞かせください。

設問は以上です。ご協力ありがとうございました。

インタビュー企業リスト（主要なもののみ）

＊以下は名刺通りの記載を基本としている。面談日時の順に記載。ただし、面談相手の氏名は省略。
＊＊ベトナムに現地法人をもつ日本本社の関係者、日本滞在のベトナム人など下記以外にも多数の方々にインタビューを重ねているが、それらの方たちのお名前についても省略している。

【ベトナム企業（ほとんどが機械・金属関連製造業）】

番号	企業名	役職	所在地	面談日時
1	SSI	Acting Director, Hanoi Branch	Hanoi	2011年2月11日
	同上	Director, HN Branch		2015年10月28日
2	COSMOS INDUSTRIAL CO., LTD	General Director	Khai Quang Industrial Zone, Vinh Phuc Province	2012年8月21日
	同上	BOD, Assistant	同上	同上
	同上	Cairman	同上	2014年2月11日
	同上	Board of Director	同上	同上
3	PACKAGING PRODUCTION AND EXPORT-IMPORT JSC., PRINTING ENTERPRISE PACKEXIM	不明	Tan Quang Industrial Area, Hung Yen Province	2012年8月22日
		同上	同上	同上
4	HUNG YEN AUTOMOBILE AND MOTORCYCLE PARTS MANUFACTURING COMPANY	Director	Tan Quang, Van Lam, Hung Yen	2012年8月22日
5	PANECO Trading, Production and Service Co., Ltd	Sales Assistant Manager	Hanoi	2012年10月6日
6	FC Hoa Lac Technologies Company Limited	不明	Hoa lac Hi-tec Park, Ha Noi	2013年2月27日

7	KIM LONG PRODUCTION AND TRADING SERVICE CO.,LTD	President	Tu Liem Industrial Zone,Ha Noi	2013 年 2 月 28 日
	同上	Director	同上	2013 年 2 月 28 日
8	HA NOI MOULD-TECH Co.,Ltd	Director	Tu Liem, Ha Noi	2013 年 7 月 31 日
9	JAT AUTOPARTS AND INDUSTRY EQUIPMENTS MANUFACTURING JOINT STOCK COMPANY	Director	Que vo Industrial Zone, Bac Ninh Province	2013 年 7 月 31 日
10	HAI VAN	代表取締役	Thuan Thanh, Bac Ninh	2013 年 7 月 31 日
11	BACVIET TECHNOLOGY JOINT STOCK COMPANY	Chairman	Que vo Industrial Zone, Bac Ninh Province	2013 年 7 月 31 日
	同上	Sales staff	同上	
12	HANEL PRODUCTION AND IMPORT-EXPORT JOINT STOCK COMPANY	General Manager Manufacturing Management Div	Tien Son IZ, Bac Ninh	2014 年 2 月 11 日
	同上	Director	同上	
	同上	Customer Service Manager	同上	
13	Viet Nam CNC And Technology Application J.S.C	Director	Tu Liem, Ha Noi	2014 年 2 月 11 日
14	BMC COMPANY.,Ltd	Director	Dai Dong Industrial Park, Vinh Phuc	2014 年 2 月 11 日
15	TRI CUONG INDUSTRIAL CO.,LTD	Director	Lai Xa Industrial Zone, Hanoi	2015 年 10 月 28 日
16	VietChuan J.S.C	Manager	Hanoi	2015 年 10 月 28 日
17	VIET NAM JAPAN MECHANICAL PRIVARE CO	営業部部長	LAC HONG, HUNG YEN	2015 年 10 月 28 日

インタビュー企業リスト（主要なもののみ）

18	HAYEN CORPORATION	Sales Executive Manager, Business Development Dept.	Tu Lien Industrial Zone, Hanoi	2015 年 10 月 29 日
	同上	営業課・通訳	同上	同上
19	OSAKA SEIMITSU VIET NAM		Hanoi	2015 年 10 月 29 日
20	TOANCAU MECHANIC-ELECTRICAL JOINT STOCK CO.	Chaiman of the board	Hanoi	2015 年 10 月 29 日
21	VIETUC INDUSTRIAL & COMMERCIAL JOINT STOCK COMPANY	Director	Hanoi	2015 年 10 月 29 日
22	LE GROUP	CEO	Quang Minh Industrial Park, Hanoi	2016 年 8 月 25 日
	同上	Plant Deputy General Manager	同上	同上
23	FOSHAN CERAMIC MACHINERY AND MOULD JOINT STOCK COMPANY	Chairman General Director	Quang Minh Industrial Park, Hanoi	2016 年 8 月 25 日
24	VIETNAM HTMP COMPANY	Director	Quang Minh Industrial Park, Hanoi	2016 年 8 月 25 日
25	MAY10 (GARMENT 10 CORP–JSC)	Deputy General Director	HA NOI	2017 年 3 月 14 日
26	BAC GIANG GARMENT CORPORATION	Vice General Director	Bac Giang City, Bac Giang Province	2017 年 3 月 14 日
	同上	Managing Director	同上	同上

【ベトナム政府機関（含む、各種行政機関関係者、大学関係者）】

番号	政府機関・自治体・大学等の名称	役職	所在地	面談日時
1	CENTRAL INSTITUTE FOR ECONOMIC MANAGEMENT	DIRECTOR, DEPARTMENT ON INVESTMENT POLICIES	Ha Noi	2011 年 5 月 4 日
	同上	Department for Macroeconomic Policy & Integral Studies（同氏からは 2 枚の名刺を頂戴した）	同上	同上
	同上	SECRETARY, Economic Research Institute for ASEAN and East Asia (同上)	同上	同上
	同上	VICE PRESIDENT	同上	2014 年 10 月 24 日
	同上	Senior Expert	同上	2017 年 3 月 14 日
2	Ministry of Foreign Affairs of Vietnam	Official, Consular Department	Ha Noi	2012 年 7 月 22 日
3	MINISTRY OF PLANNING AND INVESTMENT NATIONAL CENTER FOR SOCIO-ECONOMIC INFORMATION AND FORECAST	Standing Deputy Director, *Department of World Economy*	Ha Noi	2012 年 8 月 22 日
4	MINISTRY OF PLANNING AND INVESTMENT ENTERPRISE DEVELOPMENT AGENCY THE ASSISTANCE CENTER FOR SME-NORTH VIETNAM (TAC-HANOI)	Director	Ha Noi	2012 年 8 月 22 日
	同上	Consulting Manager	同上	同上
	同上	Official-Administration	同上	同上
	同上	Chief of Administration	同上	2015 年 2 月 10 日
	同上	Administration	同上	2015 年 10 月 19 日

インタビュー企業リスト（主要なもののみ）

5	MINISTRY OF PLANNING AND INVESTMENT, AGENCY FOR ENTERPRISE DEVELOPMENT	JICA Expert	Hanoi	2013 年 2 月 28 日
	同上	Chief Advisor, JICA 専門家	同上	2014 年 2 月 10 日
	同上	Deputy Director General	同上	同上
	同上	Deputy Director, SME Development Division	同上	同上
6	MINISTRY OF SCIENCE AND TECHNOLOGY STATE AGENCY FOR TECHNOLOGY INNOVATION	Deputy Director General	Hanoi	2013 年 2 月 28 日
	同上	Head of Technology Market Development Division	同上	同上
7	FOREIGN TRADE UNIVERSITY	Dean, Faculty of Japanese	Hanoi	2013 年 7 月 31 日
8	THE HANOI UNIVERSITY OF BUSINESS AND TECHNOLOGY (HUBT)	Director of INBUS, HUBT's Founding Member	Hanoi	2014 年 2 月 10 日
9	Consulate General of the Socialist Republic of Vietnam	Consul	Hanoi	?
10	DANANG UNIVERSITY OF ECONOMICS	Director	Danang	2014 年 2 月 13 日
11	Danang University of Science and Technology	Lecturer	Danang	2014 年 2 月 13 日
12	DANANG FOREIGN AFFAIRS DEPARTMENT	Director	Danang	2014 年 2 月 13 日
13	PEOPLE'S COMMITTEE OF DANANG CITY	ダナン外務局副局長	Danang	2014 年 2 月 13 日
14	DON A UNIVERSITY	Senior Advisor	Danang	2014 年 2 月 13 日
15	DANANG DEPARTMENT OF PLANNING AND INVESTMENT	Vice Director and Head of Enterprise Support Center	Danang	2014 年 2 月 14 日
16	PEOPLE'S COMMITTEE OF DANANG CITY DEPARTMENT OF SCIENCE AND TECHNOLOGY	General Director	Danang	2014 年 2 月 14 日
	同上	Director, DANAG BIOTECH CENTER	同上	同上

17	PEOPLE'S COMMITTEE OF DANANG CITY DANANG INVESTMENT PROMOTION CENTER		Director	Danang	2014 年 2 月 14 日
	同上		Officer	同上	同上
18	DONG NAI INDUSTRIAL ZONES AUTHORITY		DEPUTY DIRECTOR	Bien Hoa City, Dong Nai Province	2017 年 9 月 20 日
	同上		Investment promotion officer, KANSAI DESK	同上	同上

【ベトナム進出日系企業】

番号	企業名	役職	所在地	面談日時
1	KONISHI VIET NAM CO.,LTD	General Director	Pho Noi A Industrial Zone, Hung Yen Province	2011 年 5 月 4 日
2	YANAGAWA SEIKO VIETNAM CO.,LTD	General Director	Nomura Haiphong Industrial Zone, Haiphong City	2011 年 5 月 5 日
3	Advanced Technology Haiphong Inc.	Director	Nomura Haiphong Industrial Zone, Haiphong City	2011 年 5 月 5 日
4	EBA MACHINERY CORPORATION	General Manager	Nomura Haiphong Industrial Zone, Haiphong City	2011 年 5 月 5 日
	同上	同上	同上	2015 年 2 月 9 日
5	IKO THOMPSON, VIETNAM CO.,LTD	President	Nomura Haiphong Industrial Zone, Haiphong City	2011 年 5 月 5 日
	同上	President	同上	2015 年 2 月 9 日
6	Fujikin Vietnam Co.,Ltd.	General Manager	Thang Long Industrial Park, Ha Noi	2012 年 8 月 21 日
7	KD HEAT TECHNOLOGY VIETNAM	General Director	Khai Quang Industrial Zone, Vinh Phuc Province	2012 年 8 月 21 日
8	OHMI VIETNAM CO.,LTD	General Manager	Quang Minh Industrial Zone, Ha Noi	2013 年 2 月 28 日

インタビュー企業リスト（主要なもののみ）

9	Honda Vietnam Co.,LTD	Assistant to Director of ADM Division, ADM Division	Vinh Phuc Province	2013 年 7 月 30 日
	同上	労政企画部 グローバル労政ブロックチーフ	同上	同上
10	MEISEI VIETANAM CO.,LTD	Factory Manager	Khai Quang, Vinh Phuc Province	2013 年 7 月 30 日
11	KOSAI VIETNAM CO.,LTD	General Director	Thang Long Industrial Park, Ha Noi	2013 年 8 月 1 日
12	KANAYAMA PRECISION VIETNAM CO.,LTD	General Director	Thang Long Industrial Park, Ha Noi	2013 年 8 月 1 日
13	MHI Aerospace Vietnam Co. Ltd	General Director	Thang Long Industrial Park, Ha Noi	2013 年 8 月 1 日
	同上	Genaral Manager, Administration Div.	同上	同上
14	Standard Units Supply Vietnam Co.,Ltd	General Director	Thang Long Industrial Park, Ha Noi	2013 年 8 月 1 日
	同上	Director <System Upgrade Solution Bkk Co.,Ltd>	同上	同上
15	TOHO VIET NAM CO., LTD	General Director	Thang Long Industrial Park, Ha Noi	2013 年 8 月 1 日
	同上	Factory General Manager	同上	同上
	同上	General Director	同上	2015 年 2 月 10 日
16	VIETNAM NIPPON SEIKI CO.,LTD	社長	Noi Bai Industrial Zone, Ha Noi	2014 年 2 月 12 日
	同上	次期社長	同上	同上
	同上	General Director	同上	2016 年 8 月 24 日
17	YAMAHA MOTOR VIETNAM CO.,LTD	Manager, Accounting and Finance Dept.	Noi Bai Industrial Zone, Ha Noi	2014 年 2 月 12 日

18	KYB Manufacturing Vietnam Co., Ltd	Genaral Director	Thang Long Industrial Park, Ha Noi	2014年2月12日
	同上	General manager, office Division	同上	同上
	同上	Engineering Manager	同上	2016年8月24日
	同上	General Director	同上	同上
	同上	General Manager, office Director Charge Office	同上	同上
19	HAL VIETNAM CO.,LTD	代表取締役社長	Thang Long Industrial Park, Ha Noi	2014年2月12日
	同上	取締役 管理部長	同上	同上
20	Daiwa Vietnam Ltd.	PRESIDENT	Hoa Khanh Industrial Zone, Danag City	2014年2月13日
21	SOLTEC VIETNAM COMPANY	Vice General Director	Nhon Trach Industrial Zone, Dong Nai	2014年9月1日
22	FUJIYA MANUFACTURING (VIETNAM) CO.,LTD.	フジヤ株式会社 ＜日本本社＞ 代表取締役社長	My Phuoc 3 Industrial Park, Binh Duong Province	2014年9月3日
	同上	General Director	同上	同上
23	FOSTER ELECTRIC (VIETNAM) CO.,LTD.	Production Department Manager	VSIP Ⅱ Industrial Park, Binh Duong Province	2014年9月3日
	同上	Department Sub Manager, Administration Dept.	同上	同上
	同上	Administration Department, Acting dept., Manager	同上	同上

インタビュー企業リスト（主要なもののみ）

24	VIETNAM ONAMBA CO.,LTD	General Director	VSIP II Industrial Park, Binh Duong Province	2014 年 9 月 3 日
25	Fuji Seal Vietnam Co.,Ltd.	General Director	VSIP II Industrial Park, Binh Duong Province	2014 年 9 月 3 日
26	JUKI VIETNAM CO.,LTD	PRESIDENT	TAN THUAN EXPORT PROSSING ZONE, HO CHI MINH	2014 年 9 月 4 日
27	FUTABA (VIETNAM) Co.,LTD.	CHAIRMAN	TAN THUAN EXPORT PROSSING ZONE, HO CHI MINH	2014 年 9 月 4 日
28	PRONICS VIETNAM CO.,LTD.	General Director	TAN THUAN EXPORT PROSSING ZONE, HO CHI MINH	2014 年 9 月 4 日
29	CITIZEN MACHINERY VIETNAM CO., LTD.	General Manager	Nomura Haiphong Industrial Zone, Haiphong City	2015 年 2 月 9 日
30	TOTO VIET NAM CO.,LTD	General Director	Thang Long Industrial Park, Ha Noi	2015 年 2 月 10 日
	同上	Vice General Direcor	同上	同上
	同上	Director of Production Division, Director of Planning Division	同上	同上
	同上	Genaral Manager of Business Management Department	同上	同上
	同上	Director of Production Control Division, Director of Accounting Department	同上	2016 年 8 月 24 日
31	ENKEI VIETNAM CO.,LTD	General Director	Thang Long Industrial Park, Ha Noi	2017 年 3 月 13 日
	同上	Sales Assistant, Sales section	同上	同上

番号	機関・団体名	役職	所在地	面談日時
32	DAIWA PLASTICS THANG LONG CO.,LTD.	General Director	Thang Long Industrial Park, Ha Noi	2017年3月13日
33	TOKYO MICRO VIETNAM CO.,LTD.	General Director	Thang Long Industrial Park, Ha Noi	2017年3月13日
34	NAKANO SEISAKUSHO., JSC	株式会社中農製作所 <日本本社> 取締役社長	Tan Binh Industrial Park, Ho Chi Minh City	2017年9月18日
	同上	Deputy Director	同上	同上
	同上	Assistant manager	同上	同上
35	HANWA KAKOKI CO.,LTD., VIETNAM OFFICE	昭和化工機株式会社 <日本本社> 代表取締役	Tan Binh Industrial Park, Ho Chi Minh City	2017年9月18日
36	Unika Vietnam Co.,LTD.	General Director (同氏からは2枚の名刺を頂戴した) 社長（同上）	TAN THUAN EXPORT PROSSING ZONE, HO CHI MINH	2017年9月20日
	VIE-PAN TECHNO PARK		同上	同上
37	DAIWA PLASTICS (VIETNAM)	GENERAL DIRECTOR	TAN THUAN EXPORT PROSSING ZONE, HO CHI MINH	2017年9月20日

【ベトナムに所在する日本政府機関・各種団体関係者】

番号	機関・団体名	役職	所在地	面談日時
1	JAPAN EXTERNAL TRADE ORGANIZATION, HANOI REPRESENTATIVE OFFICE	Deputy Director, Research & EPA/FTA	Hanoi	2011年5月4日
	同上	DIRECTOR	同上	2015年2月8日
2	The Japan Business Association in Vietnam	Secretary Genaral	Hanoi	2011年5月4日

インタビュー企業リスト（主要なもののみ）

3	NOMURA-HAIPHONG INDUSTRIAL ZONE DEVELOPMENT CORPORATION	Second Vice President	Nomura-Haiphog Industrial Zone,Haiphog City	2011 年 5 月 5 日
	同上	Deputy General manager, Sales, Customer & Information Service Dept.	同上	同上
	同上	Sales, Customer & information Service Dept.	同上	同上
4	Vietnam-Japan Human Resources Cooperation Center	Chief Advisor	Hanoi	2013 年 2 月 26 日
	同上	Coordinator	同上	同上
	同上	International Business Consultant	同上	2014 年 5 月 27 日
5	Japan International Cooperation Agency, Vietnam Office	JICA Senior Volunteer	Hanoi	2013 年 2 月 28 日
	同上	Senior Project Formulation Advisor	同上	2013 年 7 月 29 日
	同上	Program staff	同上	同上
6	Thang Long Industrial Park Corporation	General Director	Thang Long Industrial Park,Ha Noi	2012 年 8 月 21 日
	同上	同上	同上	2012 年 12 月 21 日
	同上	同上	同上	2013 年 8 月 1 日
7	ダナン日本商工会	会長	Danag	2014 年 2 月 13 日
8	JAPAN EXTERNAL TRADE ORGANIZATION, Ho Chi Minh Office	MANAGING DIRECTOR	Ho Chi Minh	2014 年 8 月 31 日

233

索 引

ACFTA（ASEAN・中国の FTA）／中国・ASEAN の FTA（「包括的経済協力枠組み協定」）　4, 6, 15, 16, 35, 172, 179
ADBI（アジア開発銀行研究所）　182
AEC（ASEAN 経済共同体）　29, 54, 172, 180, 182, 185
AED（企業開発庁）　100
AFTA（ASEAN 自由貿易地域）　6, 15, 171
ASEAN　6, 14, 181, 183
ASEAN Single Window　181
ASEAN 経済統合　4, 28, 38, 41, 59, 135, 141
ASEAN 先進 5 カ国グループ　8
ASEAN ＋ 3　182
ASMED（中小企業開発庁）　100
CFPT（共通有効特恵関税）スキーム　6, 16
CLMV 諸国　vii
FPT JAPAN　126, 161
HTMP　156
IAI（ASEAN 統合イニシティブ）　181
ITSV（International Technical Service Vietnam）　150, 156
JICA シニアボランティア　52, 53, 105, 106, 107, 118, 137, 153
KAIZEN　21, 52, 102, 137, 163
MPAC（Master Plan on ASEAN Connectivity）　181
QCD　20, 47, 52, 53, 54, 113, 137, 165
RCEP（東アジア地域包括的経済連携）　182, 185
RICH ASEAN（豊かな ASEAN）　182

Roki Vietnam　132, 133
SME Development Council（中小企業振興評議会）　101
TAC（中小企業支援センター）　101, 118
TAC Hanoi（ハノイ中小企業技術支援センター）／TAC Hanoi（ハノイ中小企業支援センター）　94, 95, 101, 102
TPP（環太平洋経済連携協定）　4, 35, 175, 183, 205
VAP（Viet Autoparts Company Limited）　125, 132, 133
VJCC（ベトナム日本人材協力センター）　107
VPIC（Vietnam Precision Industrial JSC）　124, 126
WTO 加盟　6, 59, 121

あ 行

ASEAN の奇跡　182,
アジア大での分業構造の再編　30
アジア通貨危機　8, 81
アジアでの FTA・EPA ネットワーク　3
圧縮型発展　47
アルミダイキャスト　126, 130, 155
アントレプレナー　146
EU との FTA　35, 185, 205
育成が必要な業種　24, 40
一次サプライヤー　51, 53, 122, 125, 133, 140
一木会　74
インターンシップ　139, 154, 163, 165

インテル　193
海の ASEAN　35
越中間政治関係の緊張激化　38
エリート資本主義　145
エリート大学　53
汚職対策　204, 205, 211

か　行

カイクアン工業団地　155
外資系企業　66, 67, 68, 69, 70, 89
外資系工業団地　63
外注工場　21, 22, 40
華越経済圏　188, 191
蛙飛び発展　47
金型産業　47, 115, 117, 118, 119
金型メーカー／金型製作　42, 136, 139, 150, 151, 152, 156, 163
雁行型発展　170
技術移転　56, 208
技能実習生　135, 157
基盤的技術群／基盤的技術分野　24, 34, 38, 40, 46, 47, 49, 54, 90, 93, 114
キャッチアップ型工業化　47
キヤノン　134
共通投資法　65
金属プレス　49, 116, 130
銀行借入　130, 134
クエボ工業団地　132
グレター・メコン・サブリージョンズ　208
グローバリゼーション　4, 7, 53, 146
経営塾　107, 109
計画投資省　94, 109, 112, 118
研究開発型企業　138
現代自動車　157
現地調達／現地調達率　11, 12, 17, 18,

89, 112, 113, 165
5S　21, 52, 102, 106, 136, 153, 154
工業団地　62, 70, 89
高周波熱処理　44, 161, 162
合弁企業　176
国際的生産分業　25, 30, 41
国有企業　66, 67, 68, 69, 70, 89
国有系株式会社　66
ゴム成型　49, 116, 131
コンプライアンス　201

さ　行

サービス貿易の自由化　183
サービス・リンク・コスト　191, 192
サプライチェーン　41, 45, 165, 170, 191
サムソン電子　134, 193, 195
産業政策　34
資金面での制約の打破　143
冶具　129, 136, 139
地場ローカル企業／地場中小企業　45, 106, 107
市販部品調達　20, 21
社内公用語　84, 87
従属的発展　91
集積の利益　195
珠江デルタ経済圏　191
樹脂成型　49
商工省　109, 110, 112
上流域と下・中流域とのリンケージ　54
深化型の発展モデル　46
新規開業者の四つの基本的特徴　143
新規創業　115, 121, 122, 143, 146, 147
真空焼入れ　128, 129, 162
人口ボーナス　175
浸炭窒化　128, 151, 162
信頼感やインフォーマルかつ濃密な人

間関係の形成　143, 144, 145, 147
垂直的分業構造　195
垂直的リンケージ　176
スコアカード　181, 183
裾野産業／サポーテイング・インダストリー　3, 15, 29, 34, 57, 90, 112, 119, 146, 152, 205
裾野産業育成政策　3, 110
裾野産業開発計画（マスタープラン）　110, 111
生産機能の立地調整　40
生産輸出拠点　90
政令90号　97, 100, 101
政令56号　68, 93, 97, 100, 118
戦略的なパートナーシップ　198
創業者　121, 141
創業に関する知識や起業関心の醸成　143

た　行

タイ・サミット　126
大衆資本主義　146
タイ・プラスワン／タイ＋1　44, 54, 178, 190, 200, 201
ダナン　101
タントゥアン輸出加工区　64
タンロンアパートメントファクトリー（TLAF）／タンロンアパートメントファクトリー2（TLAF2）／TLAF3　77
タンロン工業団地／タンロン工業団地Ⅰ／タンロン工業団地Ⅱ　61, 73, 74, 75, 76, 90, 151, 157
チャイナ・プラス・ワン／中国＋1　3, 29, 54, 55, 59, 178, 189, 190, 199, 200
中－越間貿易　16
中間管理職　129, 146, 154, 187, 206

中間財　14
中国製バイクの輸入組立　132
中国の改革・開放　iii
中小企業政策　109, 118
中小企業発展計画2011-2015　104
中小企業発展5カ年計画2006-2010　104
中所得国の罠　56
鋳造　86, 125
デザイン・イン　42, 157, 158
ドイモイ　5, 55, 170
統一企業法　65
東西経済回廊　208
トゥ・リエム工業区　130

な　行

仲間取引　44
二重構造　176
2020年での工業国　29, 34, 53
日越金型クラブ　42, 152
日越共同イニシアティブ　59, 110, 152
日越経済連携協定　59
日系工業団地　89
日系鋳造メーカー　86
日本人技術者　150, 151, 163, 165, 166
日本のODA　177, 207
日本の対ベトナム直接投資／日本のFDI　3, 57, 177
熱処理　127, 128, 136, 163
ノイバイ工業団地　150, 158, 160
農業機器　52, 136
野村ハイフォン工業団地　80, 90

は　行

バイク・アセンブラー　122
バイク部品　44, 132, 151

バイク用スピード・メーター　42, 158
ハイフォン　38, 55, 81, 82, 88, 101, 187, 205
バクニン省　50, 132
ハノイ　38, 55, 74, 80, 101, 107, 129
ハノイ工科大学　127, 128, 132, 138, 139, 143, 145, 154, 155
ハノイ工業大学　154
ピアッジョ／ピアッジョ・ベトナム　51, 124, 132, 138
東アジア生産ネットワーク構造　14
東アジアの域内貿易循環　13
東アジアのダイナミズム　170
非関税障壁　183
ビジョン　133
必要な基礎的技術の取得　144, 148
ビナシロキ　128, 150
ビンフック省　124, 137, 154
フートォ省　124
不透明な行政サービス　79
部品調達　160
フラグメンテーション　189
プラスチック成型用金型　41, 50, 116, 129, 130, 152
プラスチック部品製造／プラスチック部品　50, 135
プレス金型　43
プリント基板　195
ベアリング　83, 89
米越通商協定　59
ベトナムから他国への生産移管　27, 40
ベトナム国有企業　18
ベトナム新規開業企業　123
ベトナム人起業者／ベトナム人起業家　iii, 147
ベトナム中小企業　iv, 3, 122, 165
ベトナム中小企業の定義　68

ベトナム中小企業白書　45, 66, 89, 96
ベトナムの金型技術／ベトナムの金型産業　48, 50, 135
ベトナムの工業化戦略　6
ベトナムの地政学的優位　35
ベトナムの中小企業政策　97
ベトナムの比較優位　34
ベトナムの貿易構造　15
ベトナムの部品・中間財輸入　15
ベトナムの輸出構造　31
ベトナムへの生産移管　27, 40
ベトナム民営企業　18, 21, 23, 40
ホーチミン　107
ホアラックハイテクパーク　128, 162
貿易特化係数　192
ホウノイA工業団地　88
ホンダ／ホンダベトナム　42, 50, 51, 53, 114, 124, 125, 126, 127, 132, 133, 140, 158
ホンダタイ　135
ホンダ品質優秀賞　52, 126

ま 行

3つのC　184
メコン経済圏　4, 30
メッキ　133, 136
ものづくり立国　46

や 行

焼き戻し　128, 151
ヤマハ／ヤマハベトナム　51, 124, 127, 136, 138, 139, 141, 158, 161
輸出加工型企業　62
輸出志向工業化　7, 8
輸入代替工業化　7

ら　行

リーディング産業　46, 47
リーマンブラザーズの破綻　iii, 8, 59
陸のASEAN　35
留学経験　122, 145
零細・中小企業　67
ローカル地場企業　43, 47, 135, 155, 156
労働争議　79

わ　行

若手経営者　108

著者紹介

前田啓一（まえだ　けいいち）
　1951 年　京都市生まれ
　現在　　大阪商業大学経済学部教授（前・経済学部長）／
　　　　　同大学大学院地域政策学研究科教授。
　　　　　大阪商業大学比較地域研究所所長。
　　　　　博士（経済学：大阪市立大学）。日本中小企業学会常任理事。

主要著書

『ベトナムの工業化と日本企業』（共編）同友館、2016 年。
『溶解する EU 開発協力政策』（単著）同友館、2012 年。
『世界経済危機における日系企業』（分担執筆）ミネルヴァ書房、2012 年。
『大都市型産業集積と生産ネットワーク』（共編）世界思想社、2012 年。
『現代中小企業論』（共編）同友館、2009 年。
『日本のインキュベーション』（共編）ナカニシヤ出版、2008 年。
『多様化する中小企業ネットワーク』（共編）ナカニシヤ出版、2005 年。
『岐路に立つ地域中小企業』（単著）ナカニシヤ出版、2005 年。
『東アジアの国家と社会』（分担執筆）御茶の水書房、2004 年。
『産業集積の再生と中小企業』（共編）世界思想社、2003 年。
『戦後再建期のイギリス貿易』（単著）御茶の水書房、2001 年。
『EU 経済論』（分担執筆）ミネルヴァ書房、2001 年。
『グローバル経済のゆくえ』（分担執筆）八千代出版、2000 年。
『EU の開発援助政策』（単著）御茶の水書房、2000 年。
『起業家社会』（共訳）同友館、2000 年。
『新版　世界経済』（分担執筆）ミネルヴァ書房、1998 年。
『国際化と地域経済』（分担執筆）世界思想社、1996 年。
『国際化のなかの日本経済』（分担執筆）ミネルヴァ書房、1994 年。
『EC 経済論』（分担執筆）ミネルヴァ書房、1993 年。
『世界経済と南北問題』（分担執筆）ミネルヴァ書房、1990 年。
『イギリス経済』（分担執筆）世界思想社、1989 年。
『世界経済』（分担執筆）ミネルヴァ書房、1989 年。
『貿易政策論』（分担執筆）晃洋書房、1985 年　など。

ベトナム中小企業の誕生
──ハノイ周辺の機械金属中小工業──

比較地域研究所研究叢書　第十七巻

2018 年 3 月 22 日　第 1 版第 1 刷発行

　　　　著　者　前　田　啓　一
　　　　発行者　橋　本　盛　作

　　　　〒 113-0033　東京都文京区本郷 5-30-20
　　　　発 行 所　株式会社 御茶の水書房
　　　　　　　　　電話 03-5684-0751

Printed in Japan　　　　　組版・印刷／製本　シナノ印刷㈱

ISBN 978-4-275-02087-1　C3033　　Ⓒ 学校法人谷岡学園　2018 年

《大阪商業大学比較地域研究所叢書 第一巻》清代農業経済史研究　鉄山博著　A5判・二四〇頁　価格 二九〇〇円

《大阪商業大学比較地域研究所叢書 第二巻》EUの開発援助政策　前田啓一著　A5判・三九〇頁　価格 五八〇〇円

《大阪商業大学比較地域研究所叢書 第三巻》香港経済研究序説　閻和平著　A5判・二二〇頁　価格 二九〇〇円

《大阪商業大学比較地域研究所叢書 第四巻》海運同盟とアジア海運　武城正長著　A5判・三四〇頁　価格 四八〇〇円

《大阪商業大学比較地域研究所叢書 第五巻》鏡としての韓国現代文学　滝沢秀樹著　A5判・三一八頁　価格 四五〇〇円

《大阪商業大学比較地域研究所叢書 第六巻》東アジアの国家と社会　滝沢秀樹編著　A5判・二二〇頁　価格 三二〇〇円

《大阪商業大学比較地域研究所叢書 第七巻》グローバル資本主義と韓国経済発展　金俊行著　A5判・四七四頁　価格 五〇〇〇円

《大阪商業大学比較地域研究所叢書 第八巻》アメリカ巨大食品小売業の発展　中野安著　A5判・三六〇頁　価格 五〇〇〇円

《大阪商業大学比較地域研究所叢書 第九巻》都市型産業集積の新展開　湖中齊著　A5判・一九〇頁　価格 三四〇〇円

《大阪商業大学比較地域研究所叢書 第十巻》産地の変貌と人的ネットワーク　粂野博行編著　A5判・二三四頁　価格 三八〇〇円

《大阪商業大学比較地域研究所叢書 第十一巻》転換期を迎える東アジアの企業経営　孫飛舟編著　A5判・一九二頁　価格 三六〇〇円

《大阪商業大学比較地域研究所叢書 第十二巻》多国籍企業と地域経済　安室憲一著　A5判・二〇六頁　価格 三八〇〇円

《大阪商業大学比較地域研究所叢書 第十三巻》便宜置籍船と国家　武城正長著　A5判・三一四頁　価格 五〇〇〇円

《大阪商業大学比較地域研究所叢書 第十四巻》グローバリズムと国家資本主義　坂田幹男著　A5判・二四八頁　価格 三八〇〇円

《大阪商業大学比較地域研究所叢書 第十五巻》都市の継承と土地利用の課題　西嶋淳著　A5判・二九二頁　価格 四四〇〇円

《大阪商業大学比較地域研究所叢書 第十六巻》情報技術と中小企業のイノベーション　小川正博著　A5判・二四〇頁　価格 三八〇〇円

御茶の水書房
（価格は消費税抜き）